새 집 증후군

새 집 증후군

에노모토 가오르 지음_ 이윤하 옮김_

R
PUB.

· CONTENTS ·

"집이 아프다!"는 현실의 반향이겠지만 지난번 《새 집 증후군》 초판이 나간 뒤 독자들이 보여준 반응은 실로 놀라울 뿐이었다.

매일 아침 회사에 출근해보면 도서주문 팩스가 쌓여있고, 전국 각 지방에서 자료요청이 쇄도했다. 반년 동안 내가 받은 자료요청은 무려 417건이나 되었는데 일반 독자뿐만이 아니라 건축 관련 업자의 요청도 상당수 포함되어 있었다.

솔직히 질문 중에는 매우 기초적인 지식 즉, '전문가로서 당연히 알아야 할 내용'도 많았다. 다음은 초판에 올린 '머리말'이다. 여러분에게 꼭 전달하고 싶은 내용이라 그대로 인용하므로 읽어보길 바란다.

나는 학자도 평론가도 아닌 평범한 시공업체 사장으로서 비난을 각오하고 이 책을 출판하기로 결심했다.

새 집 증후군에 관한 전문서적은 많이 있었다. 나도 그 중 몇권을 읽어보았는데 너무 어려워서 도무지 이해하지 못했다. 들어

보지 못한 어려운 약품명이 줄줄이 나오고 도표그래프가 많아서 몇 장만 넘기다보면 금세 피곤해져버렸다.

혹시 당신에게는 그런 경험이 없는지? 아니면 원래 전문서는 다 그렇다고 생각하는지?

'전문 용어와 학자가 연구한 내용이 나와야 신뢰할 수 있다'고 생각하는 사람은 분명 이 책에 실망할 것이다. 다시 제자리로 갖다 놓기를 바란다. 그러나 당신이 '새 집 증후군'은 무엇인지, 집과 건강은 어떤 관계가 있는지, 리모델링을 할 때는 무엇을 염두에 두고 작업하면 좋을지 생각하며 주택에 관해 불안을 느끼는 평범한 사람이라면 도움을 받을 것이다.

주택건축에 관해 쉽고 간단하게 알고 싶은 사람에게는 분명 이책이 적격이다.

새로 집을 짓거나 새 집으로 이사를 가려고 할 때 가장 관심 있는 부분은 무엇인가? 쾌적함, 기능, 디자인, 설비, 가격 아니면 건축회사에 대한 신뢰도?

최근 결함이 발견되는 주택이나 새 집 증후군과 관련하여 '집이 위험하다'라는 기사가 많아졌다. 특히 TV 특집방송으로 피해자와 의사의 생생한 피해사례가 보도되었다. 그러나 우리는 이러한 보도를 보면서 이렇게 생각한다.

'설마 우리 집은 예외겠지.'

'저런 딱하기도 해라, 나쁜 업자를 만났군.'

'화학물질과민증이나 새 집 증후군은 별난 사람들이나 걸리는 병일 거야.'

그러나 안타깝게도 당신과 당신 가족이 피해를 입지 않는다는 보장은 결코 할 수 없다.

한동안 관심을 유발하는 정보가 보도되면 그 후 잠시 유행처럼 사람들의 관심이 집중된다. 새 집 증후군이 심각한 문제로 떠오르기 불과 몇 년 전까지만 해도 주택에 관한 보도는 주로 내진성에 관한 내용이었다.

카메라가 지진 피해 현장에서 담은 붕괴되고 화염에 휩싸인 주택 모습은 매우 충격이었다. 특히 재래공법이 지진에 약하다고 보도한 내용은 아직도 기억에 남는다.

당연히 지진이 휩쓸고 간 지역은 주택구입의 첫째 조건이 내진성이었다. 그 때 프리패브나 2×4공법 주택회사는 서로 자사 주택이 지진에 더 강하다고 선전하여 매상을 올렸다. 반면 목조주택 시공업체들은 수주가 격감하고 부도가 나는 심한 타격을 입었다.

이와 같이 매스컴은 사람들이 관심 있어 하는 부분에 초점을 맞춰 보도하므로 때로는 그 정보가 건축주의 계획을 바꿀 수도 있다. 반복되는 선전문구나 보도 때문에 시공사 선택 기준이 '대형회사나 이름 있는 시공사'가 되는 상황이 계속되고 있다.

그러나 정말로 건축에 관심이 많은 사람은 스스로 정보를 수집한다. 주택 전문잡지에 나오는 멋진 집을 보며 쾌적한 설비, 냉난방시스템 등 집에 대한 꿈이 커져만 간다. 꼼꼼이 살펴보면 고단열, 고기밀을 설명한 단열공법, 100년 주택, 건강주택 등 다양한 내용이 실려 있다.

이와 같은 주택 전문서는 2종류로 나눌 수 있다.

첫째, 건축 관련 전문서 - '집짓기'의 보편적인 내용을 알고 싶은 일반인에게는 지나치게 전문적인 내용.

둘째, 특정 주택을 다룬 서적 - 주택 전반에 관한 내용으로 주택 구입에 도움을 준다. 그러나 특정 회사 주택의 광고일 가능성이 높다.

어느 쪽이든 집을 지으려는 사람이 스스로 정보를 선택하고 참고하기에는 어려움이 있다.

만일 당신이 '어떻게 하면 좋은 집, 건강주택을 지을 수 있을까?'라는 문제에 관심이 많다면 올바른 정보를 찾아야 한다.

그러자면 '현재 가장 널리 이용되는 건축방법에 무슨 문제가 있는가?'라는 점을 우선 알아야 한다.

그리고 해결책이 무엇인지 고민해야 한다. 혹시 고단열 시공만 성공하면 '좋은 집'이 만들어진다고 생각하는 것은 아닌지?

주택 건축 후에 후회하지 않으려면 다음의 조건을 점검하라.

① 건강한 집-새 집 증후군을 일으키는 위험한 건축자재는 사용하지 않는다.
② 튼튼하고 오래가는 집-내구성, 내진성이 우수한 재료, 공법을 선택한다.
③ 쾌적한 집-고단열, 고기밀, 계획환기, 냉난방 시스템을 고안한다.
④ 살기 편한 집-디자인과 인테리어를 고려한다.
⑤ 경제적인 집-예산을 무리하게 세우지 않는다. 나중에 후회하지 않도록 우선순위를 매긴다. 경우에 따라서 건축 완공시기를 미룬다.
⑥ 시공업체 선정-소중한 내 집을 맡길 만한 회사인지 다시 한번 생각해본다.

'어째서 이 회사(시공업체, 건설회사)를 선택하는가?' 라는 질문에 명확한 이유가 있어야 한다. 일단 결정하면 믿고 자신도 적극적으로 참가하여 즐거운 집짓기가 되도록 노력해야 한다.

물론 '가격이 가장 중요하고 싸면 쌀수록 좋다' 라고 생각하는 사람은 가격을 기준으로 선택하면 된다.

그러나 '디자인이 좋고 튼튼하고, 건강하고 쾌적하게 지낼 수 있는 집을 저예산으로 짓고 싶다' 는 사람은 어떻게 해야 할까?

일본에서는 지난 2003년 7월, 인간의 생활을 지켜주어야 할 주택이 사람의 건강을 해친다는 새 집 증후군에 대한 규제가 시작되었다.

그러나 현실적으로 법률에 대한 주택업계 반응은 너무도 초라하다. 프로라는 사람들이 지식, 경험부족, 책임감 없는 태도를 보이고 있다. 그러니 법률이 생겼다고 당장 가족이 안전해지지 않는다. 당신의 가족을 지킬 수 있는 사람은 당신뿐이다. 그러므로 건축에 대한 최소한의 지식은 누구나 있어야 한다.

이 책은 주택건축에 관해 당신이 알아야 할 최소한의 내용을 모아 쉽게 설명해 놓았다. 어렵다고 포기하는 일 없이 마지막까지 읽을 수 있을 것이다. 쉽고 간단하며 중요한 내용뿐이다.

이 책을 통해 당신도 반드시 '새 집 증후군'에서 가족을 지킬 수 있기를 바라며, 부디 모든 사람이 건강한 생활공간에서 지내기를 기원한다.

에노모토 가오르

건강창조주택실천회 대표

건강창조주택실천회
'디자인이 아름답고 튼튼하며 오래가는 집, 건강하고 쾌적하게 살 수 있는 집을 저렴한 가격으로 제공하고 싶다'는 뜻을 세우고 가족의 건강을 위하는 집짓기에 앞장서는 일본내 건설회사 네트워크.

'우리에게 집이란' 어떤 의미로 다가오는 것일까? 사람마다 모두 다르게 느낄 것이며, 여러 건축가들도 집에 대해 나름의 정의를 내립니다. 집은 헐벗은 우리 삶에 모태(母胎)적 공간이자 지구의 한 자락에서 우주와 교감하는 사상의 거처입니다. 거기서 우리의 삶을 담아내고 꿈꾸고 사랑하므로 집은 인간에게 있어 소우주라고 이야기할 수 있습니다. 그래서 집은 인간의 건강한 삶을 유지시켜 주는 그릇이며, 자연과 소통하며 아이를 받아주고 길러주다가 우주 속으로 흔적도 없이 소멸시킵니다.

이처럼 누구나 건강한 마음과 몸을 유지하면서 후회 없는 인생을 보낼 수 있기를 원할진대, 집이 인간을 공격한다니!

그렇다면 우리 인간은 새 집으로부터의 공격을 어떻게 방어하여야 하겠습니까? 요즈음 먹을 거리, 입을 거리와 함께 우리 삶의 틀거리가 되는 살림집과 그 주변을 말할 때 '건강'이라든가 '웰빙'이라는 낱말이 유행처럼 번지고 있습니다.

그런데 집이 인간을 못살게 굴고 있다니요…

이 엄청난 현실 앞에서 우리는 이제 새로운 집짓기를 시작하여야 합니다. 비록 건강한 집짓기를 위한 전문적인 길잡이가 되기에는 다소 부족함이 있지만, 이 책을 통하여 지금의 집짓기 현실을 반성해 보고, 새로운 주택문화에 작은 보탬이 되었으면 하는 소망으로 선보입니다. 본문에서 부족한 내용은 차후 연구하여 우리 현실에 맞게 보완하여 내놓을 것을 약속드립니다.

근자에는 집에 대한 인식도 크게 변하였습니다. 잘 살아가야할 집에서, 보여주기 위한 집으로 바뀌면서 우리의 주택문화도 곳곳에서 아파하고 있습니다. 공동체 삶의 자연스런 산물이 되어야 할 집은 개인의 이기와 자본의 상징으로 비틀려, 더불어사는 이웃보다는 밀폐된 자아와 가족 단위의 은둔지로 변질되어 버린 것입니다.

그래서 바램이 있다면, 개인적인 집의 건강성과 함께 잃어버린 우리의 공동체성을 되찾아서 이웃과 나란히 행복해졌으면… 저 멀리서 보이지 않는 숲에서 이는 바람소리가 우리 모두의 마음에 사무쳤으면… 우리 모두가 건강한 파도물결 더불어 푸르게 아롱졌으면 합니다.

이윤하
건축사사무소 '노둣돌' 대표

21세기는 "환경"에 대한 고려 없이는 쾌적한 삶과 지속가능한 경제발전이 불가능한 시대이다. 특히, 새 건축물의 자재나 도료에서 발생시키는 포름알데히드, 휘발성유기화합물질은 호흡계 증상 및 신체의 부조화를 일으키는 새 집 증후군을 발생시키고 있어 더더욱 우리를 위협하고 있다. 더욱 안타까운 것은 우리나라의 경우 그 심각성에 대해 국민의 대부분이 잘 모르고 있다는 사실이며, 동시에 거주자 지침 및 관련 기준도 부족하다는 점이다.

　새 집 증후군이 무엇인지, 새 집 증후군에 영향을 미치는 것에는 무엇이 있는지, 건강한 주택을 지을 때 무엇에 염두를 두어야 하는지 등에 대한 기초적인 지식을 쉽게 접할 수 있는 서적도 전무하다.

　우리나라에서도 환경부 주관으로 "다중이용시설 등의 실내공기질관리법"을 개정하여 2004년 5월 시행할 계획으로 있다. 또 많은 사람이 이용하는 다중이용시설에 대한 실내공기질을 알맞게 유지하고 관리함으로써 국민의 건강을 보호하기 위해 다중이용시설에는 인체에 해로운 오염물질을 방출하는 건축자재의 사용을 제한하도록 하며, 새로 짓는 공동주택에 대하여는 시공자로 하여금 주민이 입주하기 전에 실내공기질을 측정·공고하도록 의무화할 예정이다.

그러나 이 법이 시행된다 하더라도 바로 건강한 주택이 지어지는 것은 아니다. 건강은 여러분이 스스로 만들어야 한다. "건강"을 기준으로 주택을 생각해보면, 건강을 해치는 눈에 보이지 않는 많은 위험성이 존재하며, 이것들을 얼마만큼 배제할 수 있는가가 좋은 집의 관건이라고 말할 수 있다.

본 번역서 《새 집 증후군》은 주택의 거주자들이 건강한 삶을 유지하고, 또 쾌적한 주택을 만드는데 너무도 중요하고 기초적인 지식을 담고 있다. 나아가 주택설계자들에게도 당연히 알고 실천해야 할 내용을 담고 있어 모두에게 훌륭한 지침이 될 것이다.

이정재

동아대학교 건축학부 교수
한국실내환경학회 이사

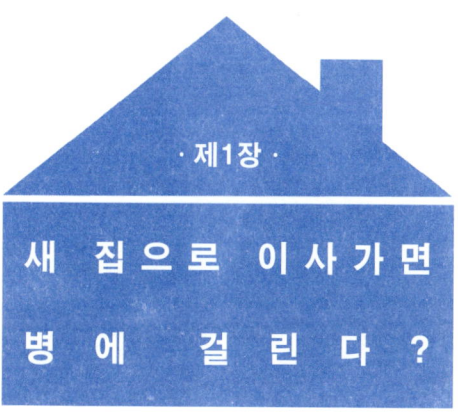

· 제1장 ·

새 집으로 이사 가면
병에 걸린다?

화학물질과민증의 80퍼센트는 신건축자재를 사용한 신축주택이나 리모델링
이 그 원인이라고 한다. 속담에서처럼 '병은 마음에서' 가 아니라 '병은 집에
서' 라는 신조어를 만들어낸 '새 집 증후군' 에 관하여.

I

새 집 증후군을 아십니까?

<< 멋진 새 집에서 건강을 잃는다면

'전망좋고 넓은 거실에 원목마루를 깔면 근사하겠지?'

'욕실에는 볕이 잘 들게 커다란 창을 내고 싶어.'

내 집 마련을 앞둔 사람이라면 누구나 구조는 물론이고 건물 외관, 인테리어 등 집에 대한 자신만의 꿈과 설계가 있게 마련이다. 그도 그럴 것이 집은 나와 가족이 살 공간이며 만만치 않은 비용이 들기 때문이다. 그러므로 자신이 살 집에 큰 기대를 거는 것은 지극히 당연한 일이다.

하지만 지금부터 이 책에서 다룰 얘기가 앞으로 당신의 꿈에 찬물을 끼얹을 것 같아 조금 망설이게 된다. 그러나 여러분 중에 '새 집으로 이사 가고 싶다' 혹은 '내가 꿈꾸던 나만의 집을 짓고 싶다'라는 사람은 반드시 짚고 넘어가야 할 문제가 있다.

바로 '새 집 증후군(Sick House Syndrome)'이다.

오래 전부터 '건강을 해치는 집이 있다'라는 사회 인식이 퍼지면서 매스컴에서 새 집 증후군에 관한 문제를 자주 보도했고, 미국과 일본에서는 마침내 건축기준법이 개정되었다. 때늦은 감이 있지만 많은 사람의 희생을 치른 후에야 법률로 규제하게 된 것이다.

우리는 새 집 증후군에 관심을 기울이고 조사하면 할수록 여러 가지 문제점을 발견할 수 있었다. 그 원인만 하더라도 여러 가지 건축 마감재를 비롯하여 일상에서 무심코 사용하는 생활 용품까지 거의 생활 전반에서 찾을 수 있다. 그러므로 쾌적하고 건강한 주거환경을 원한다면 이 문제에 관해 좀더 자세히 알아야 한다.

지금까지 대형건설회사와 건축업계에서는 시간과 비용이 만만치 않다는 이유로 새 집 증후군 문제를 진지하게 생각하려 하지 않았다. 그러나 새 집이 가족의 건강을 위협한다는 사실이 입증되었고, 때늦게나마 건축기준법이 개정되고 법적 의무조항이 마련된 지금 그것은 더는 외면할 수 없는 과제가 되었다.

현재 우리나라의 주택회사들도 나름대로 새 집 증후군에 대비한 조치를 시행해오고 있기는 하나 아직은 일부 고급 주상복합 아파트 정도에서 실시되고 있는 상황이다.

<< 자연소재는 비싸서 피한다?

새 집 증후군이 일어나지 않고 건강에 좋은 집을 짓고 싶다면 우선 건축자재를 선택하는 일부터 신중을 기해야 한다.

한마디로 말하면 화학 신소재를 피하고 자연소재를 선택해야 한다. 이 때 건설회사에서는 자연소재의 특성, 즉 팽창과 수축으로 일어날 수 있는 '균열'을 비롯한 여러 가지 문제점을 사전에 건축주에게 충분히 설명하고 양해를 구해야 한다.

인체에 무해한 자연소재로 집을 짓는다는 말은 비용과 시간은 물론이고 유지보수를 위해서도 노력이 많이 들어간다는 사실을 의미한다.

그러므로 건설회사가 신소재를 사용하는 이유도 그러한 점과 관련이 깊다. 자연소재를 사용하면 일반 공사에 비해 과정이 어렵고 비용도 많이 들며 게다가 건축주가 원하는, 이른바 '싸고 편리하며 아름다운 집'이라는 조건을 충족하는 데 어려움이 있기 때문이다.

환기나 실내공기가열법 등 우리가 일상에서 실천할 수 있는 방법 외에 현재 시판되고 있는 친환경소재로 벽지나 바닥재, 가구 등을 바꿔 실내공기질을 어느 정도 향상시킬 수 있다. 현재 우리나라에도 다양한 소재개발이 이루어져 여러 상품이 나오고 있다. 문제는 그 가격이 일반 건자재에 비해 30% 내외 비싸 대형 건축물을 지을 때 쉽게 선택하기가 어렵다는 현실이다.

그리고 이러한 천연 소재들을 쓰는 것도 모두 아파트의 시공이 끝난 뒤에 취해지는 수단이어서 시공 당시에 사용된 각종 건자재에서 나오는 휘발성유기화합물(VOCs), 포름알데히드 등의 엄청난 양을 방어하기에는 역부족이라는 것이 전문가들의 얘기이다.

2

새 집 냄새의 정체를 밝혀라

<< 신축이나 리모델링 주택은 십중팔구

새 집 냄새라고 하면 예전에는 주로 흙과 목재에서 나오는 천연 향이었다. 그러나 최근 우리가 새 집에서 맡을 수 있는 냄새는 그것과 전혀 다르다. 정감 어린 천연 향이 아니라 코끝이 맵고 눈과 목이 따가운, 말로 표현하기 힘든 기묘한 통증을 수반하는 독특한 악취다.

대부분의 사람은 이러한 '맵고 따가운 냄새'를 새 건물 특유의 냄새라고 생각한다. 그러나 알고 보면 모두 화학물질에서 발생한, 위험천만한 악취일 뿐이다.

언제부터 화학물질이 뿜어내는 독성물질이 새 집 고유의 냄새로 둔갑했을까?

건축자재나 설비에 들어가는 각각의 화학물질에는 법적 허용 기준치가 마련되어 있고 건축회사에서는 기준을 합격한 자재만 사용해야 한다.

그러나 최근 조사에서 지금까지 무심코 지나쳐온 미량의 유해물질도 사람에게 악영향을 미치며 여러 가지 증상을 일으킨다는 새로운 사실이 밝혀졌다.

새 집 증후군이라고 일컫는 증상의 약 80퍼센트는 신축이나 리모델링이 그 원인이라고 한다. 그럼에도, 건설회사는 물론이고 국민 건강을 위해 노력해야 할 정부에서조차 제대로 된 대책 마련을 미루고 있었다.

주택 선진국이라는 미국에서도 15명 중 1명이 새 집 증후군을 겪는다는 조사 보고가 있다. 놀랍게도 일본에서는 10명 중 1명이 새 집 증후군을 경험한다고 한다.

<< 그러나 인정받기 힘든 새 집 증후군

화학물질로 말미암아 나타나는 증상에는 개인차가 있다. 예를 들어 한 건물에서 동시에 거주를 시작해도 어떤 사람은 불과 며칠만에 컨디션에 이상을 느끼는가 하면 1년이 지나도 아무렇지 않은 사람이 있다.

이러한 개인차 때문에 증상이 보여도 그것이 정말로 화학물질이 일으킨 병인지를 의심하게 되고 주변사람에게조차 새 집 증후군에 관한 이해를 구하기 힘들다.

　개인차는 화학물질에 노출된 양과 개인의 허용량 차이로 생긴다. 그러나 적은 양의 화학물질이라도 오랫동안 지속적으로 노출되면 모든 사람의 건강에 이상신호가 오는 것은 같다.

　새 집 증후군은 대체로 면역이 약한 유아나 고령자부터 발생하며 비교적 체력이 강한 성인은 시간이 많이 지나야 증상이 나타난다.

　안타깝게도 시간이 흐른 뒤에 나타난 증상으로는 새 집 증후군인지 아니면 단순히 만성피로, 두통, 갱년기장해, 소아 알레르기 등인지 판단하기 어렵다고 한다.

　이사를 하기 전 각종 알레르기성 질환을 앓고 있었던 환자라면 대부분 증세가 악화된다. 휘발성 유기화합물은 건축을 신축한 후 6개월 때 가장 많이 배출된다고 한다. 현실적으로 더욱 심각한 점은, 우리나라의 경우 미국, 일본, 유럽 등과 달리 아직 화학물질의 농도에 대한 기준이 없다는 것이다.

　내 집을 장만하는 일은 '일생일대의 거금을 투자하는 행복한 일'이다. 은행에서 융자까지 받아 힘들게 구입한 내 집 때문에 병을 얻는다면 그보다 더 억울한 일이 어디 있을까?

3

새 집 증후군 & 화학물질과민증

<< 새 집 증후군의 원인과 증상

새 집 증후군이란 한마디로 새 집에서 발생한 화학물질로 말미암아 건강이 나빠지는 상태를 말한다. 새로 지은 집이나 건물에 들어가면 시너 등 유기용제와 포름알데히드의 자극적인 냄새가 코를 찌른다.

새 집 증후군이란 이처럼 휘발성이 강한 화학물질에 인체가 거부반응을 일으키는 상태인데, 신축 건물이나 새로 내장을 꾸민 실내에서 주로 얻는 현대병이다.

새 집 증후군의 대표적인 증상은 눈, 귀, 코, 목, 피부 등이 따갑거나 가렵고 콧물이 멈추지 않는 등 마치 꽃가루 알레르기 증상과 유사하다. 그 외에도 두통, 어지럼증, 구역질, 미각과

후각 이상 등 매우 다양하게 나타난다. 심하면 내장 장해나 암으로 발전하기도 한다.

새 집 증후군의 원인으로 밝혀진 휘발성 화학물질은 여러 가지다. 벽지나 자재에 사용하는 접착제, 방부제 등에서 발생하는 포름알데히드, 키실렌, 톨루엔과 같은 용제. 다다미나 옷장에서 발생하는 파라지크로로벤젠, 방충제 성분인 유기인, 커튼의 난연가공처리에 쓰이는 연소방지제 등도 여기에 포함된다.

<< 화학물질과민증과의 차이

새 집 증후군과 아주 유사한 병으로 화학물질과민증이 있다. 얼핏 보면 증상이 비슷해서 혼동하기 쉽다.

'새집증후군'은 새로 지은 집에 들어갔을 때 그 전에 없던 이상증상들이 몸에 생기는 것을 말한다. 이보다 더 포괄적이고 만성적이라고 할 수 있는 '화학물질과민증'은 특정 화학물질을 미량이라도 장기간 지속적으로 섭취한 경우와 단기간 대량으로 섭취한 경우에 체내에 이상증상을 일으키는 것이다. 이 허용량은 사람에 따라 차이가 있으며 일상생활이나 환경의 변화에 따라 증가하거나 감소하기도 한다.

물론 인체 내부에서는 화학물질을 외부로 배출하는 기능이 있다. 운동으로 땀을 흘리거나 스트레스를 발산하면 어느 정도 감소한다. 이런 노력도 소용없는 예민한 체질을 가진 사람들은 특별히 환경에 주의를 기울이고 사는 수밖에 없다.

그러나 새 집 증후군은 일단 원인을 벗어나면 증상이 사라지는 반면, 화학물질과민증은 증상이 처음 시작된 장소를 벗어나더라도 동일한 화학물질에 노출되면 증상이 재발한다.

결국 화학물질과민증은 새 집 증후군의 만성형이라 할 수 있다. 양쪽 모두 알레르기 증상이 자주 나타나는 점, 다른 알레르기가 있는 사람이 걸리기 쉽다는 점, 알레르기성 질환이라는 공통점을 지적하는 학자들도 있다.

4

새 집 증후군 실례들

<< 새 집으로 이사간 노인이 돌연사

어느 날 새 집 증후군에 관해 이야기할 것이 있다는 할아버지의 전화를 받았다. 이름과 나이를 소개하는 목소리에서 추측하건대 매우 건강하신 분 같았다.

"정말 놀랐습니다. 제가 오랫동안 의아해 하던 궁금증이 해결됐으니 말입니다. 실은 제 친구들 중에 집을 신축하자마자 갑자기 건강이 나빠지고 거동을 하지 못하게 된 사람이 여러 명 있었습니다. 전에는 건강에 아무런 문제가 없었고 함께 게이트볼도 자주 쳤는데 말이죠. 우연의 일치인지는 몰라도 하필 그 친구들은 새 집으로 이사한 뒤에 갑자기 건강이 나빠졌고 얼마 못가 저세상 사람이 되었습니다. 새 집에서 다시 한번 인생의 황금기가 시작된다며 기뻐하던 친구들이 허무하게 세상을 뜨고 말았습니다. 그것도 한두 사람이 아니니 내심 이상하게 생각했습니다. 아마도 저희처럼 나이 많은 노인에게는 새 집이 저승으로 가는 길이 됐나 봅니다."

한번은 종교계에 몸담고 있는 사람과 동석할 기회가 있어 이런저런 이야기를 나누고 있었다.

우연히 건축자재에서 나오는 유해물질 때문에 사람들의 건강이 크게 위협받고 있다는 말을 꺼냈다. 그러자 상대방은 "그러고 보니 ○○댁 할아버지가 돌아가셨다는 소식을 들으면서 '새 집으로 이사 가셨다고 그렇게 기뻐하시던 분이……'라고 안타까워하던 기억이 나네요"라며 우울한 표정으로 한숨을 내쉬었다. 특히 노인들은 저항력이 약하기 때문에 작은 자극에도 민감한 반응을 보이는 것이다.

<< 살충제나 소독약도 치명적

그뿐만이 아니다. 살충제 때문에 치명적인 피해를 입은 사례도 있다. 리모델링을 하면서 흰개미 살충제를 뿌렸는데 그 약제로 중독을 일으켜 병원 신세를 져야 했다.

의사는 유기인 계통 농약중독이라는 진단을 내렸는데 퇴원 후에도 옆집에서 뿌려 놓았던 약제가 계속 자기 집으로 흘러들어와 도저히 살 수가 없다고 호소했다.

발병 원인을 완전히 제거할 수 없어 전전긍긍하며 지내는데 아직 증세가 많이 남아 있다고 한다.

●● WHO에서 규정한 포름알데히드 허용기준치의 절반인 0.04ppm에 노출된 어린이 4명 중 1명은 아토피, 천식 등을 겪는다고 한다. 이것은 의약품과 마찬가지로 성인 기준을 어린이에게 그대로 적용하면 심각한 결과를 초래한다는 사실을 의미한다.
알레르기 전문의들은 화학물질과민증 환자는 국내에 드문 편이고, 새 집 증후군의 경우도 인테리어 공사시 화학물질의 과다사용을 삼가하고, 생활 속에서 환경오염물질에 대한 접촉을 최소화하는 노력을 하면 상당히 예방할 수 있다고 한다.●●●●

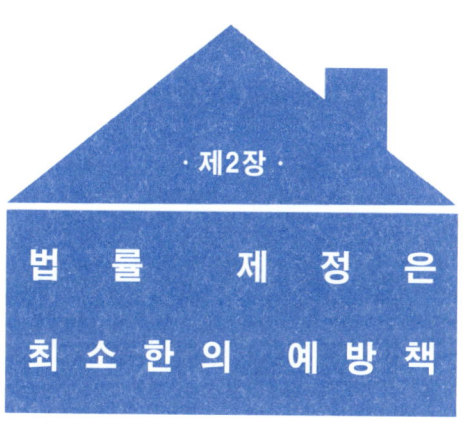

· 제2장 ·

법 률 제 정 은

최 소 한 의   예 방 책

일본의 경우에는 2003년 7월부터 세계 최초로 '새 집 증후군 법'을 시행했다.
법률 규제가 필요할 정도로 심각한 상황임을 여실히 증명해준 셈이다.

5

일본도 드디어 법으로 규제

일본은 2003년 7월 1일부터 세계 최초로 새 집 증후군 법안, '개정건축기준법'을 시행했다. 이것은 결코 일본이 새 집 증후군 대책에 앞서나간다는 의미가 아니다. 오히려 지금의 건축 현실이 너무 '심각한 상황'이라 이를 단속할 방법이 '법률' 뿐이었다고 인정하는 편이 솔직하다.

그렇다면 건축업계가 스스로 책임과 양식을 갖고 대처하지 못할 정도로 부패했다는 말인가. 공사기간 내에 착공하려고 날림으로 마무리하고 준공한 집이 대체 얼마나 많은지 헤아릴 수 없다. 불황에 손해 볼 수는 없다는 심정도 이해는 하지만 최소한의 양심이 남아있다면 거주할 사람의 건강도 고려해야 하지 않을까?

그뿐만이 아니다. 업자의 연구 부족, 새로운 기술을 배우려는 노력 부족을 보여준 사건이 2003년 5월 15일, 베터 리빙(better living)에서 주최한 환기설계 설명회였다. 이 설명회는 새로 시행될 법규와 주택건축에 의무로 설치해야 할 환기시설을 시공업체와 건축 실무자에게 교육하는 자리였다. '닛케이 홈 빌더(Home Builder)'에 실린 기사에 따르면 수강생 약 450명 중 기계 환기설비 시공 경험자는 겨우 10명뿐이었다.

어떻게 경험도 없는 건축업자들이 새로운 공사를 제대로 해낼 수 있다는 말인지. 마치 지식과 경험이 부족한 의사인 줄 알면서 어쩔 수 없이 수술을 맡기는 것과 같이 치명적이다.

현재 각국의 실내환경 관련정책을 살펴본다.

● ● 독일 : 건축자재(실내공기환경) 인증기준 설정, 환경청에서 실내공기질 관리
미국 : 환경문제 중 실내공기질 문제를 VOCs와 함께 최우선 순위로 취급, 그린빌딩 인증제도 시행
일본 : 씨크하우스(Sick House) 문제로 정부주관의 건강주택 연구회 조직 - 주택의 화학물질오염에 관한 지침 제정
영국 : 환경성능 인증제도(BREEAM) - 실내환경에 대한 평가
덴마크 : 환경보호청에서 실내공기 오염관리, 실내환경인증 실시
싱가포르 : 실내공기질 관리지침 제정 - 2년마다 실내공기질 정밀검사 의무
중국 : 실내장식재료 유해물질 한계 제정
유럽연합 : 스웨덴, 노르웨이, 핀란드, 덴마크의 연합으로 구성된 SCANVAC학회 - VOCs와 포름알데히드 농도에 의한 실내 공기환경관리 ● ● ● ●

6

핵심 원인물질만 우선 규제

일본에서의 2002년 제 10차 개정 건축기준법은 다음 5가지로 요약할 수 있다.

① 도시계획 제안제도 창설

② 용도지역 용적률 범위 확충

③ 용적률 제한 완화제도

④ 지구계획제도(地區計劃制度) 검토

⑤ 새 집 증후군 대책 법률규제 실시

새 집 증후군 대책 법률규제를 제외한 나머지 4가지는 이미 2002년 7월 12일에 공포하여 이듬해 1월 1일부터 시행하고 있다.

새 집 증후군 대책이 가장 늦게 시행된 이유는 제한할 화학물질의 종류와 허용 기준치, 환기설비설치법 등 여러 가지 문제가 복잡하게 엉켜있었기 때문이다.

이번 개정으로 마련된 새 집 증후군 대책에는 다음 2가지 의무조항이 있다.

① 포름알데히드를 포함한 건축자재와 환기설비 규제
② 크롤피리호스 사용금지

법 개정의 취지는 건축자재와 환기설비를 규제하여 새 집 증후군을 일으키는 화학물질의 실내농도를 낮추는 것으로, 사람이 생활하는 모든 건축물이 그 대상이다.

새 집 증후군을 일으키는 원인은 건축자재, 가구, 생활용품 등에서 발생하는 각종 화학물질이다. 게다가 주택의 기밀성이 높아지고 환기를 자주 하지 않는 현대인의 생활방식과도 밀접한 관계가 있다.

새 집 증후군 대표원인으로 잘 알려진 포름알데히드는 특히 바닥재, 목재 건축자재 등에 많이 포함된 강독성 물질이다. 이번 규제로 포름알데히드를 발생하는 건축자재의 사용을 제한했다.

또한 흰개미 살충제, 크롤피리호스는 사용을 금지했다. 그렇다면 지금까지 돈을 내고 그런 독성물질을 뿌려왔다는 말인가.

대책이 너무 늦었다는 비난을 받아도 할 말이 없다.

그러나 크롤피리호스 사용을 금지한 범위는 생활공간이 있는 건축물에 한하며, 모든 건축물에서 완전히 금지한 것은 아니다.

새 집 증후군 원인물질에 포름알데히드와 크롤피리호스만 있는 것은 아니다. 일본 후생노동성에서 실내 허용농도 기준치를 정해 놓은 화학물질은 포름알데히드, 크롤피리호스 외에 아세트알데히드, 톨르엔, 키실렌, 에틸벤젠 등 13종류다. 그러나 앞서 말한 2종류 외에는 아무것도 규제하지 않았다.

미국의 경우 정부에서 EPA(Enviornmental Protection Agency)에 지원을 하여 실내공기오염 및 이에 관한 유해평가 등의 연구를 실시하고 있다. 특정 유해물질에 관한 연구도 행해지고 있는데, 라돈과 같은 방사능을 지닌 실내공기오염물질에 대한 기준치 설정 등을 위하여 각종 조사활동을 하고 있다.

최근 국제적 연구 동향은 실내의 공기를 재순환시키는 과정에서 실내오염을 얼마나 낮출 수 있는가 하는데 중점을 두고 있다. 특히, 미국과 유럽에서는 냉난방시스템을 통한 실내공기 정화법과 실내 거주자들의 건강을 보호하는 연구가 활발히 진행되고 있으며, 모델링을 통한 실내환기량을 예측하여 실내오염을 절감시키는데 노력을 기울이고 있다.

7

포름알데히드를 없애라

포름알데히드는 자극적인 냄새를 띠고 대기 중에 방출되는 독성물질인데, 방부제나 접착제의 원료로 건축, 가구산업에 많이 이용된다. 특히 합판과 발포단열재로 지어진 가건물은 포름알데히드의 온상이라고 할 수 있다. 또 실내장식을 위한 스프레이식 페인트에서도 포름알데히드가 뿜어져 나오는 것으로 밝혀져 있다.

건물의 실내공기에는 포름알데히드 등 독성 화학물질 이외에 다양한 먼지, 곰팡이, 세균, 바이러스 등의 병원성 물질로 오염돼 있으며, 이것이 온도, 습도, 냄새, 바람 등과 복합적으로 작용해 빌딩증후군을 일으키는 것으로 알려져 있다. 독성물질과 병원성 물질은 내장 페인트, 카페트, 바닥장식재, 절연물질, 접착제, 벽지 등에서 주로 배출된다.

포름알데히드를 규제하는 방법은 다음 3가지이다.

① 내장 마감재에 관한 규제
② 기계환기설비 의무 설치
③ 천장에 관한 규제

첫째, '내장 마감재에 관한 규제'는 건축자재를 등급 별로 나누어 사용 면적을 제한하는 방법이다.

건축자재가 발산하는 포름알데히드 양에는 차이가 있다. 따라서 각 자재별로 발산 속도와 양을 측정하여 등급을 나누고 등급에 따라 사용면적을 제한한다. 예를 들어 발산 속도가 느리고 양이 적으면 '건설기준법 규제대상'에서 제외되며 내장 마감재로 무제한 사용할 수 있다. 반대로 발산양이 많고 속도가 빠르면 '제1종 포름알데히드 발산건축재료'로 분류되어 '사용금지' 처분을 받는다.

등급심사는 JIS(일본공업규격)와 JAS(일본농림규격), 국토교통대신에서 담당하며, 다음 4가지 단계로 표시한다. 무제한으로 사용할 수 있는 것은 'F☆☆☆☆', 사용면적을 제한하는 것은 'F☆☆☆', 'F☆☆', 사용을 금지하는 것은 E2, Fc2 또는 아예 표시하지 않는다.

등급판정이 필요한 건축자재는 합판, 목재마루, 파티클보드, MDF 등 나무재질의 건축자재와 벽지, 포름알데히드가 포함된 단열재, 접착재, 도료, 마감재 등 총 17가지다. 그리고 등급판정을 받지 않으면 모두 '제1종'으로 분류하여 사용을 금지한다. '제2, 3종'으로 판정한 건축자재는 주택의 환기설비에 따라 사용 면적을 제한한다.

둘째, '환기설비 의무 설치'는 말 그대로 모든 건축물에 기계환기설비를 의무로 설치하는 방법이다.

주택에서 새 집 증후군을 유발하는 원인은 건축자재만이 아니다. 가구와 생활용품에서도 갖가지 화학물질이 복합되어 나온다. 그러므로 포름알데히드를 발산하는 건축자재를 사용하지 않더라도 의무로 모든 건물에 기계환기설비를 설치하는 방법이 가장 확실하다. 예를 들어 주택에 2시간마다 실내 공기를 교환하는 24시간 환기시스템을 설치하는 방법이다.

셋째, '천장에 관한 규제'는 포름알데히드가 천장을 타고 거실로 유입되는 것을 방지하는 방법이다.

그런데 첫째 대책의 한계는 그 대상이 '거실'뿐이라는 점이다. 법률에서 말하는 '거실' 공간은 응접실, 침실, 부엌, 서재를 가리킨다. 그러므로 바꿔 말하면 거실이 아닌 공간 즉, 현관, 복도, 다용도실, 화장실, 옷장, 수납공간 등은 환기대상에서 제외된다는 의미다. 단, 복도나 다용도실처럼 거실 이외의 공간

일지라도 환기설비가 지나가는 곳은 거실로 취급한다.

기계환기설비를 설치해도 천장 속, 마루 밑, 벽, 수납공간에 있는 포름알데히드를 처리하기란 쉽지 않다. 따라서 다음 중 하나를 의무로 선택해야 한다.

① 건축자재에 따른 조치
② 기밀층, 통기 차단에 따른 조치
③ 환기설비에 따른 조치

'건축자재에 따른 조치'란 천장시공에 제1, 2종 포름알데히드 발산 건축자재를 사용하지 않는 것이다. 물론 'F☆☆☆☆' 또는 'F☆☆☆' 등급에 속하는 건축자재는 무제한으로 사용할 수 있다. '기밀층, 통기 차단에 따른 조치'는 천장에서 거실로 들어오는 공기를 차단하여 포름알데히드 유입을 막는 것이다. 마지막으로 '환기설비에 따른 조치'는 거실뿐만이 아니라 천장 속에도 환기설비를 만드는 것이다.

8

법보다 전문가 부재가 더 심각

일본에서의 건축기준법 새 집 증후군 법은 착공시기가 2003년 7월 1일 이후인 모든 건축물에 적용된다. 건축기준법에서는 신축이나 증개축, 리모델링을 구분하지 않고, 준공확인 신청과 상관없이 모든 건물이 규제대상이다. 또한 법률 위반시 적용할 처벌기준도 마련되어 있다.

이번 규제의 가장 큰 성과는 규제대상 건축자재 17종류를 'F☆☆☆☆'에서 '사용금지' 까지 4등급으로 구분하여 포름알데히드 발산양을 명확히 알게 된 점이다. 그러나 새 집 증후군 법이 시행되었다고 무조건 안심할 수는 없다.

법으로는 신축, 증개축, 리모델링 등 모든 건축물이 규제대상이지만 준공확인신청을 하지 않은 건물은 확인할 방법이 없기 때문이다.

리모델링업자 중에는 뻔뻔스럽게도 무면허로 일하는 사람이 많다. 운이 나쁘면 법을 무시하는 악덕 건축업자를 만날 수도 있다. 더구나 처음부터 사용금지 건축자재를 처분할 작정으로 싼값에 공사를 맡는 업자도 있다. 결국 우리가 스스로 면밀히 검토하고 주의하는 수밖에 별다른 방법이 없다.

솔직히 포름알데히드와 크롤피리호스만 법으로 규제하는 일은 안타깝다. 게다가 포름알데히드 발산양이 비교적 높은 제2, 3종 건축자재는 사용금지가 아닌 제한에 그쳤다. 위험하니까 조금만 사용하라는 사고방식은 도무지 이해할 수 없다.

보다 건강한 주거환경을 만들려면 크롤피리호스처럼 독성화학물질이 들어있는 건축자재도 사용을 전면 금지해야 하지 않을까?

분명 환기설비 의무설치는 획기적인 규제임에 틀림없다. 그러나 여기에는 허점이 있다.

그것은 바로 환기설비를 설치하더라도 제대로 작동할 만한 상황이 아니라는 사실이다. '닛케이 홈 빌더'에 실린 기사에서 짐작할 수 있듯, 현재 업계에는 환기설비 설치방법을 제대로 아는 전문가가 극소수에 불과하기 때문이다.

더구나 환기설비 설치에 앞서 반드시 필요한 조건이 있다. 그것은 바로 주택의 고기밀성이다.

기계환기설비가 제대로 능력을 발휘하려면 우선 주택의 기밀성이 좋아야 한다. 예를 들어 빨대로 음료수를 마신다고 가정하자. 만일 빨대 중간에 작은 구멍이 있으면 어떨까? 아무리 열심히 빨아도 음료수가 잘 나오지 않을 것이다. 집도 마찬가지다. 집 안 곳곳에 틈새가 많으면 제대로 환기가 될 수 없다. 전문표현으로 주택기밀도 실측기준치가 $1.0 \text{cm}^2/\text{m}^2$ 이하가 되어야 한다고 말한다.

기밀성이 없으면 아무리 거금을 들여 기계환기를 설치해도 아무런 소용이 없다. 가족의 건강을 지키려는 노력이 오히려 업자의 지갑만 불려주는 결과만 낳는 셈이다.

현재 기밀성에 대한 지식이나 경험이 있는 건축업자가 얼마나 될까? 아무런 사전 준비 없이 기계환기 의무 설치에 대처하느라 이리저리 정신없는 상태에서 환기설비를 제대로 설치하라는 것은 무리한 요구다.

우선 법부터 시행하고 설치방법은 나중에 연구하면 된다는 식의 행정은 좀 무모하지 않았을까? 게다가 환기설비 설치는 법으로 규제한다고 당장 대응할 수 있을 만큼 그렇게 간단한 공사가 아니다.

9

내가 할 수 있는 일을 실천한다

이제부터는 건축업자를 선택할 때 지금까지와 다른 각도에서 살펴봐야 한다. 건축회사가 가까워서, 건축비가 싸니까, 혹은 대기업이니까……

이런 조건은 아무런 도움이 되지 않는다. '법으로 정해놨으니 어쩔 수 없다'고 생각하는 업자가 아니라 법률과 상관없이 오래전부터 기계환기설비를 설치해온 업자를 선택해야 한다.

후자는 틀림없이 집과 건강을 함께 생각하고 새 집 증후군 문제도 진지하게 고민하고 있을 것이다. 그 결과로 계획환기, 단열기밀, 친환경건축자재라는 구체적인 실천방법을 선택했음이 분명하다.

건축기준법상으로 주택건축을 수주한 회사는 건축허가신청

단계에서 고객에게 공사 내용과 사용할 건축자재를 설명해야 할 의무가 있다. 그러나 설계상으로는 새로 시행되는 새 집 증후군 대책에 적합하더라도 실제로 공사를 담당하는 하청업체에서 법규를 제대로 지킬 것인지는 알 수 없다.

이제는 모든 건축회사에서 '건강에 좋은 주택을 짓습니다' 라고 광고할지 모른다. 그러므로 제대로 된 업자를 선택하는 것은 더욱 어려워질 전망이다.

좋은 업자를 구분하는 두 가지 기준을 알아보자.

하나는, '언제부터 어떻게 시공해왔는가?' 라는 점이다.

'고밀도, 고단열 주택' 건축에 앞장서온 회사이거나 '환기설비'를 시공해온 업자는 어느 정도 신뢰할 수 있다. 그러나 법개정 이후 허겁지겁 대응하고 있는 업자라면 몇 건의 공사 실적밖에 없을 것이다.

다른 하나는 '시공한 주택의 기밀도 실측치' 다.

$1.0\text{cm}^2/\text{m}^2$ 이상인 업자는 고기밀, 고단열, 계획환기에 대한 노하우가 없다고 판단할 수 있다.

한편, 당신이 지켜야 할 사항도 있다. '전기료가 아깝다' 고 해서 기계작동을 멈추면 안 된다. 계획환기는 365일, 24시간 설비가동이 기본이다.

화창한 날에 창문을 활짝 열면 좋다. 1시간에 0.5회 이상 실내 공기와 외부 공기를 교환하는 일은 이상적인 환기 방법이므로 창문을 여는 일 자체는 문제되지 않는다. 그러나 환기장치를 임의로 켰다 껐다 하는 일은 삼가야 한다. 해가 지고 창을 닫으면 자칫 환기작동 스위치 켜는 일을 잊을 수 있기 때문이다.

구미에서는 계획환기 장치에 아예 스위치를 만들지 않는다. 24시간 작동할 것! 이 원칙만큼은 반드시 지켜야 한다.

건강한 주거환경의 조건을 다시 한번 정리하면 첫째, 위험한 건축자재를 사용하지 않는다. 그러나 생활용품과 가구는 규제 대상에서 제외되었다. 그러므로 불가피하게 노출되는 화학물질에서 몸을 보호하려면 둘째, 기계환기설비를 설치해야 한다.

그리고 기계환기의 효과를 제대로 발휘하려면 셋째, 고단열, 고기밀 공사가 선행되어야 한다.

시공업체를 선택할 때 반드시 확인해야 할 사항은 '새 집 증후군 문제에 언제부터 어떤 대책을 세워왔는가?' 그리고 '기밀도 수치는 얼마인가?' 이 두가지다.

그리고 당신이 지켜야 할 일은 단 하나. '환기 스위치를 끄지 않는다!' 얼마나 쉽고 간단한 일인가?

· 제3장 ·

신 건 축 자 재 로
얻은 것과 잃은 것

새 집 증후군의 원인은 '싸고 편하며 신속하게' 라는 요구 조건을 충족하려고
개발한 신건축자재에 있었다. 게다가 여러 가지 내장재에도 건강을 위협하는
유독물질이 들어 있으니 안팎으로 독소에 묻혀 살고 있는 셈이다.

IO

저렴한 비용보다 건강이 우선

<< 쉽게, 대량으로, 싸게 짓고 본다?

'당사는 포름알데히드 성분이 없는 무독성 접착제만을 사용합니다.' 대형건설회사에서는 '건강과 환경'을 배려한다는 광고를 내보내기 시작한다. 이는 그만큼 사람들이 새 집 증후군과 독성물질에 불안을 느낀다는 증거가 아닐까?

현재 건축자재 중에서 문제가 발생하는 것은 주로 신건축자재라 일컫는 종류다. 1960~1963년부터 본격적으로 개발된 신건축자재는 싸고 시공이 간편하며 대량생산이 가능하다는 장점이 부각되어 선풍적인 인기를 끌었다. 대형 건설회사는 물론이고 작은 하청업체에서 가장 선호하는 건축자재로 손꼽히기도 했다.

<< 그러나 질병에 무방비상태라면?

신건축자재가 시공 합리화에 공헌했고 고객의 만족도 또한 매우 높았던 것은 사실이다. 그러나 최근 매스컴에서 유독화학물질과 건물의 기밀화로 발생하는 새 집 증후군 문제를 자주 보도하자 사람들의 인식이 180도 바뀌었다. 무관심하던 사람들까지 신건축자재와 새 집 증후군 문제를 심각하게 받아들이기 시작했다.

가족의 안전과 행복을 기원하며 지은 새 집 때문에 병이 생기다니, 이렇게 억울한 일이 또 어디 있을까?

수도권에서는 3명 중 1명이 알레르기 또는 아토피 등으로 고생한다. 이 질환은 개인차가 심하고 특히 어린이와 젊은이에게서 많이 나타나며 직접적인 원인을 알아내기 무척 어렵다. 아마도 내장재나 설비, 건축자재, 구조, 공법과도 무관하지 않으리라 예상할 수 있다.

어렵게 장만한 내 집 때문에 가족이나 내가 병에 걸린다면 대체 그 집이 무슨 의미가 있을까?

아토피, 꽃가루 알레르기, 최근 아이들에게서 많이 나타나는 저체온체질 등을 개선하고 보이지 않는 환경호르몬에서 우리 몸을 보호해줄 주택이 절실히 요구된다.

일상에서는 환기가 무엇보다 중요하고, 그 외에 숯이나 관엽식물을 이용하는 방법, 소재표면에 천연도료를 코팅하여 화학물질 방출을 억제하는 방법도 도움이 된다.

　이번에 새 집 증후군 법을 시행하여 포름알데히드와 크롤피리호스의 사용을 규제함으로써 문제해결의 실마리가 보이기 시작했다. 그러나 법률로 새 집 증후군 문제를 완전히 해결할 수 있다고 믿어서는 안 된다.

II

모델하우스 체크포인트

<< 모델하우스만으로는 모든 것을 알 수 없다

주택에 관심이 많은 사람은 가까운 곳부터 멀리 있는 곳까지 발품을 팔며 여러 모델하우스를 돌아본다.

나와 동료들은 일반인에게 새로운 건축디자인 아이디어 혹은 색다른 소재의 사용방법 등을 소개할 목적으로 모델하우스를 제작한다. 분명 다른 책에서 언급한 것처럼 전시에 들어가는 비용은 만만치 않다. 그러나 일반인의 처지에서 생각할 때 새로운 아이디어를 접해볼 기회가 없어 주어진 대로 주택을 결정해야 한다면 안타까운 일이다.

기회가 있으면 실제로 지어진 주택에 살고 있는 사람들을 만나 경험담을 듣거나 집을 방문해서 둘러보는 일이 궁금증 해소에 많은 도움이 된다. 그러나 남의 집을 구석구석 살펴보는 일은 실례고 방문 시간을 맞추는 것도 쉽지 않다.

주택건축에 사용되는 설비와 마감재에는 건축주의 취향이 크게 반영된다. 프리패브(PREFAB) 공법으로 지은 주택은 모델과 실제 주택이 거의 동일하나 주문주택에서 모델하우스는 구매자에게 참고자료에 지나지 않는다. 사람들은 대체로 새로운 것보다 익숙한 느낌을 좋아해 주문주택 모델하우스를 지을 때 평범한 건축자재를 사용하기 때문이다.

새로운 아이디어는 카탈로그나 샘플만으로는 이해하기 어려운 부분이 있다. 그러므로 실제로 살고 있는 사람의 의견을 듣거나 모델하우스를 둘러보면 자신이 살 집에 응용할 만한 아이디어를 찾아내기가 한결 수월하다.

앞에서 말한 여러 가지 이유로 새로운 아이디어를 많이 접하고 눈으로 확인할 수 있는 모델하우스가 더욱 절실해진다.

그런데 모델하우스에서 나오는 고정 질문이 하나 있다. 그것은 바로 '평당 단가가 얼마인가?' 라는 질문인데, 솔직히 모델하우스와 실제 주택을 완벽하게 똑같이 짓지는 않으므로 대답하기 무척 곤란하다. 그러나 사람들은 누구나 이 부분을 가장 궁금해 한다.

그래서 모델하우스 제작에 들어간 경비를 말해주면 사람들의 반응은 '정말로 그 가격에 집을 지을 수 있나?' 부터 '너무 비싸다' 까지 제각각이었다.

대체로 저가주택은 가격을 정확하게 밝히는 반면, 고급 주택으로 갈수록 '가격은 문의해 주시기 바랍니다' 라며 감춘다.

사람들은 전단지나 주택 잡지에 나오는 가격을 기준으로 삼아 평당 20~30만 엔(200~300만 원)대로 집을 지을 수 있다고 생각한다. 그러므로 모델하우스의 평당가를 비싸다고 느끼는 것이 당연하다. 그러나 건축학과 또는 인테리어를 전공하는 사람은 오히려 모델하우스의 평당가가 너무 낮게 책정된 것은 아닌지 확인한다.

사실 모델하우스 평당가는 규모 덕분에 낮아졌다. 따라서 같은 구조와 자재로 3, 40평짜리 주택을 건축하면 평당가는 10~20퍼센트 높아진다고 보는 것이 옳다.

<< 화려할수록 건강에 해로울 수 있다

모델하우스나 일반 주택은 외벽소재나 건물 높이, 지붕 모양을 보면 건축비를 대강 짐작할 수 있다.

예를 들어 저렴한 비용으로 지은 주택은 대체로 지붕이 심플하고 높이도 다른 건물에 비해 낮다. 적은 재료로 시공하기 쉽게 디자인해야 시공비가 절약되기 때문이다.

새시(sash)도 빼놓을 수 없는 공사비 판단기준의 하나다. 그런데 고기밀, 고단열에 사용하는 고급 새시는 가격이 매우 비싸므로 무조건 고급 새시만을 고집할 수는 없다. 그렇다고 겨울철 결로가 생기는 것을 알면서도 예산을 줄이려고 값싼 알루미늄 새시를 쓰는 일은 곤란하다.

우연히 공사비를 낮추려는 흔적이 역력히 드러나는 한 건물을 보았다. 가구, 커튼, 조명 등 인테리어소품을 최고급으로 연출하여 얼핏 보면 호화로운 느낌이 들 정도였다. 그러나 전문가로서 자세히 살펴보니 형편없는 부실시공이었다. 아마도 가구와 장식을 모두 없앤다면 건물의 본질이 적나라하게 드러났을 것이다.

안타깝게도 많은 사람들은 주택의 본질을 제대로 보지 못한다. 오히려 모델하우스의 화려한 설비와 소품에 속아 그것을 기준으로 내 집에 대한 환상을 키워나간다.

나는 그들에게 구조나 내장, 설비가 아니라 '그것이 건강에 어떠한 영향을 미치는가?' 라는 점을 가장 먼저 생각하라고 조언하고 싶다. 그것이야말로 '주택의 기본'이기 때문이다.

주택은 자신만의 가치기준으로 꼼꼼하게 살펴봐야 한다. 그리고 궁금한 점이 있으면 적극적으로 알아봐야 한다. 이러한 준비과정이야말로 자신이 원하는 집을 찾는 출발점이다.

●● 국내에서도 '새 집 증후군'이 사회적 문제로 떠오르면서 각종 환경관련 규제가 강화되고 있다. 건축자재의 품질을 환경문제 차원에서 따져 등급을 매기는 정부 차원의 품질인증제가 도입된 것이다.

환경부는 벽지, 바닥재, 합판, 페인트, 접착제 등 건축자재가 방출하는 오염물질의 양에 따라 등급을 표시하는 '친환경 건축자재 품질인증제'를 2003년 2월 16일부터 시행하고 있다.

이를 위해 환경부는 건축자재를 일반자재(합판, 바닥재, 벽지 등), 페인트, 접착제 등 세 종류로 구분하고 종류별로 포름알데히드와 전체 휘발성유기화합물(TVOC)에 대한 방출기준을 다섯 단계의 등급으로 나누기로 했다.

각 제품은 오염물질 방출 정도에 따라 최우수, 우수, 양호, 일반1, 일반2 순으로 등급이 매겨지게 되며 각각 5개에서 1개의 네잎 클로버로 표시된다. 이 중 가장 낮은 등급인 일반2에 해당하는 방출기준은 실내공기관리법상 최대 허용치로 정해졌다.

예를 들어 TVOC를 ㎡당 1시간에 0.1㎎ 미만으로 방출하는 페인트의 경우는 네잎 클로버 다섯 개를 받는 '최우수' 등급을 받게 된다. 반면 TVOC를 0.6~1.25㎎ 방출하는 페인트는 일반2 등급으로 네잎 클로버 한 개를 받는다.

인증은 건설업체 관계자와 전문가들로 구성된 한국공기청정협회가 주관하며 배출량 측정은 한양대, 경원대, 서울시립대 등 6개 인증시험 기관이 맡는다.

●●●●

12

No Thank You '신건축자재'

<< 내장재 속에 감추어진 맹독들

천장, 벽, 마루의 쿠션시트 등 대부분의 내장재에 들어 있는 염화비닐은 발암물질과 환경호르몬을 다량 포함하고, 화학물질과민증을 일으킨다고 밝혀졌다.

1995년 신문과 TV에서 보도한 다이옥신 문제의 가장 큰 원인은 건축폐자재 소각이다. 그 중 염소계 비닐크로스가 다이옥신을 가장 많이 발생하는 원인물질이다. 즉, 산업폐기물의 최대발생원은 신건축자재를 사용한 주택이다.

다이옥신은 대기 중으로 퍼지면 비에 섞여 땅이나 강, 바다로 내려온다. 당연히 그 흙에서 경작한 작물이나 바다에서 잡은 생선, 조개가 건강에 좋을 리 없다. 다이옥신은 체외로 배출되지 않고 계속 축적되어 건강에 미치는 악영향이 매우 심각하다.

사린의 2배, 청산가리의 1000배 이상 독성이 강한 다이옥신은 불과 12킬로그램만 있으면 일본 전 국민을 전멸할 수 있다고 한다. 화재현장에서도 다이옥신 연기에 질식한 사람은 곧 죽는다. 이처럼 다이옥신은 우리가 상상하는 이상으로 무시무시한 독성 물질이다.

<< 값싼 비닐크로스의 위험성

비닐크로스는 저렴하고 색상이나 디자인이 다양하며 시공이 간편하다. 더구나 가격에 비해 느낌이 고급스러워 고객 만족도도 높다. 그런 이유로 한때 벽이나 천장 내장재의 80퍼센트 이상을 차지하기도 했다.

지금까지는 주택건축자재 안전성에 관한 규제가 없어 자재 속에 포함된 화학물질이 그대로 방치되어 있었다. 그러나 최근, 새 집 증후군의 원인을 밝혀내는 과정에서 지금까지 안심했던 미량의 화학물질조차 건강에 해롭다는 사실이 알려졌다.

비닐크로스에는 원재료인 폴리염화비닐의 딱딱한 성질을 부드럽게 만드는 대량의 가소제(可塑劑)가 첨가된다. 그런데 가소제에는 발암물질인 프탈산화물과 유기인계 화학물질 등 각종 화학물질이 들어 있어 한마디로 독성물질의 집합체이다.

일반적으로 천장과 벽을 도배할 때, 벽지 사용면적은 대략 바닥면적의 3.5배라고 한다. 그러므로 50평 주택을 예로 들면 비닐크로스 사용 면적이 무려 600평방미터에 이른다. 독일과 일본의 안전기준을 통과했다는 ISM 마크 벽지에도 함유량의 차이는 있을지언정 건강에 유해한 물질은 들어 있다. 그러므로 인체에 100퍼센트 안전한 소재는 아니다.

대형건설회사에서는 기본자재로 저렴한 벽지를 많이 사용하므로 그것이 건강에 안전한지는 알 수 없다.

<< 합판, 컬러 바닥재도 예외는 아니다

조금씩 신축건물의 고약한 냄새가 줄어들고 있다지만 여전히 새 건물에 가면 코가 맵고 눈이 따갑다. 신건축자재와 벽지에 사용하는 접착제 성분, 포름알데히드 때문이다. 최근에는 유해성분이 함유된 접착제를 사용하는 업자가 많이 줄었다. 그러나 대부분의 건축자재는 세계보건기구와 국가 기준치에 적합하지 않다.

쉬운 예로 Fc0합판, 컬러플로어에 포함된 포름알데히드를 조사해보니 0.12ppm으로 기준치인 0.08ppm을 크게 초과하고 있었다. 염화비닐이 들어 있는 창틀과 바닥재를 사용하는 가장 큰 이유는 가격이 저렴하고 품질이 보장되어 대체로 휘거나 수축하지 않으며 작업과정도 단순하기 때문이다.

합판의 질도 최근에는 상당한 수준으로 발전했다. 실제 나무를 얇게 잘라 합판 위에 붙이거나 나무무늬 종이를 붙인 것은 자세히 들여다보지 않으면 구별이 힘들 정도로 정교하다.

그러나 이러한 건축자재도 농도의 차이는 있을지언정 모두 화학물질을 포함하고 있으므로 건강을 고려할 때 그다지 추천하고 싶지 않다.

<< 국내의 친환경 제품들은 어디까지?

국내에서도 최근 '웰빙 신드롬'이 일어나면서 실내환경에 대한 관심이 높아졌다. 유해물질을 줄인 벽지, 마루, 바닥재 등 친환경소재에 대한 수요가 늘어나고 있고, 공기청정기 판매도 급증하고 있다고 한다.

각종 내장재를 개발, 시판하고 있는 업체들에 따르면, '나노은' 등을 사용해서 항균성을 강화하거나, 합성수지 대신 수성 잉크를 사용하는 등 천연재료를 가공하면서 생기는 화학물질을 최대한 줄이는데 주력하고 있으며, 앞으로는 친환경을 넘어서서 인체에 유익한 기능형 제품개발에 힘쓸 것이라고 밝히고 있다.

13

온풍기도 때로는 악역

유해물질로 둘러싸인 밀폐된 공간에서 생활하면 새 집 증후군이 나타난다고 강조했다. 그렇다면 이제부터 단열의 효율과 냉난방 시스템으로 화학물질 발산양이 어떻게 달라지는지 알아보자.

겨울철에는 온풍기를 많이 사용한다. 이러한 난방기구는 실내공기를 따뜻하게 덥히는 용도로 쓰인다. 그러나 더운 공기는 위로 올라가므로 다리 쪽은 늘 서늘하다. 사람들은 추위를 느껴 온풍기를 더욱 강하게 튼다. 이것이 바로 악순환의 고리다.

바람은 풍속 0.6m/sec으로 불 때 체감온도를 1도 낮춘다. 결국 온풍기는 악순환을 거듭하고 게다가 컬러플로어에서 올라오는 휘발성 가스가 공기흐름을 타고 방 전체로 퍼져 건강에 더욱 나쁘다.

　마감재 중에서 특히 바닥재는 벽이나 천장과 달리 사람 몸과 직접 닿는 부분이다. 이렇게 피부와 직접 접촉하는 건축자재를 화학물질이나 석유로 만드는 것은 특히 유아에게 치명적인 영향을 미칠 수 있다.

I4

숨쉬는 자연도료 만들기

도료는 물체 표면에 씌어져 물체를 보호하고 미관을 좋게 하는 것이 주기능이었으나 건조시 발생하는 유독물질이 문제가 되고 있다. 현재 사용하는 도료 용제는 대부분이 강한 휘발성 제품이다. 작업 편의를 위해 빨리 마르도록 만들기 때문이다. 작업 도중 휘발성물질을 많이 들이마시거나 직접 피부가 닿은 사람은 건강이 나빠지기도 한다. 상식적으로 생각해보면 알 수 있다. 잠시 작업하는 사람에게도 해로운데, 그곳에서 생활할 사람에게는 오죽 악영향을 미치겠는가?

이런 도료 기능에 나노기술을 이용한 항균성 부여, 부착방지성, 단열성, 발수성 등 다양한 기능이 부가된 첨단도료들이 개발되고 있다. 독일 리보스 사와 오스모 사에서는 친환경소재

자연도료가 생산된다. 이 도료는 식물성 주재료와 물을 용제로 사용하므로 화학물질은 전혀 포함하지 않는다. 따라서 인체에 무해하다. 그러나 업자에게는 건조 시간이 오래 걸리고 여러 번 덧칠해야 하는 어려움이 있다. 게다가 취향에 따라서 식물 특유의 냄새를 싫어하는 사람도 있다.

그러나 자연도료로 도장하면 몸에 해로운 접착제 사용을 크게 줄일 수 있다. 특히 취향에 따라 언제든지 바꾸고 자유롭게 개성을 연출할 수 있다는 점은 주목할 만하다.

15

살충제는 곧 살인무기

지금까지 사용해온 흰개미 살충제는 성분이 농약과 거의 비슷하다. 게다가 실제로 사용하는 살충제 농도는 농약보다 수백 배 강하다. 그런 독성물질을 집안 곳곳에 뿌리고 살았다니 생각할수록 기가 찰 노릇이다.

더구나 농약은 희석해서 사용하고 작물 출하 며칠 전부터는 사용을 제한하는 것이 보통인데, 집에서 사용하는 살충제는 아무런 규제 없이 사용할 수 있었기에 그 악영향은 더욱 커지고 말았다.

유독성분을 포함한 흰개미 살충제는 주로 바닥을 타고 실내로 유입되므로 얼굴을 바닥 가까이에 대고 생활하는 유아 건강에 지극히 나쁜 영향을 미친다.

마루를 시공할 때 특수 공법이나 목재를 사용하여 흰개미를 퇴치하는 방법도 있다. 그러나 비용이 만만치 않아 일부 건축 회사에서는 처음부터 건축주에게 설명하지 않기도 한다. 게다가 설령 시공하더라도 흰개미는 지상 1미터 높이까지 올라오므로 살충제를 대신하기에는 불충분하다.

지금 당신이 앉아 있는 마루, 벽, 옷장에서 당신이 살포한 독가스가 계속 나온다고 생각하면 어떤 기분이 들까?

16

녹슨 관에서 환경호르몬까지

2000년 8월 4일자 조간 아사히신문(朝日新聞)에 다음과 같은 기사가 실렸다.

'현재 일본 주택에서 사용되는 배관은 대부분 염비관이다. 그러나 염비관은 내구성이 좋지 않아 시간이 지나면 녹이 슬고 환경호르몬까지 배출한다. 스테인리스 배관은 초기 공사비용이 들지만 장기적인 안목에서 오히려 경제적이며 안전하다.'

위 기사에서 말하는 배관은 물의 이동통로, 즉 수도관을 가리키는데 인체로 비유하면 혈관에 해당하는 중요한 부분이다.

오래된 건물에서는 수도꼭지를 틀면 간혹 녹물이 나오거나 물이 잘 나오지 않는다. 그 원인은 수도관 속에 생긴 녹 때문이다. 강철배관은 물에 포함된 산소와 철이 화학반응을 일으켜

이산화철, 즉 녹을 만든다.

녹은 일단 생기면 점점 커지면서 혹처럼 부풀어 올라 물의 흐름에 지장을 주고 마침내 관 내부를 엉망으로 만든다.

더구나 라이닝관에서 녹이 생기지 않더라도 관과 관을 연결하는 부분에서 잘 발생한다. 유감스럽게도 일단 녹이 생기면 관을 모두 교체해야 한다. 주방과 욕실은 물론이고 집안 바닥을 모두 드러내는 대형 보수공사로 인한 엄청난 비용이 들어간다.

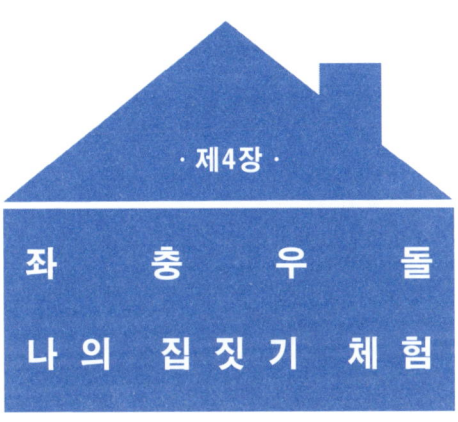

· 제4장 ·

좌 충 우 돌
나 의 집 짓 기 체 험

많은 분들로부터 새 집 증후군에 관한 귀중한 체험담을 들을 수 있었다. 이 장
에서는 나의 건축가로서의 경험과 우리 가족의 실제 체험을 바탕으로 건강주
택을 만들기까지 겪은 시행착오를 정리했다.

I7

새 집 증후군을 몸으로 겪다

<< 신건축자재로 무장한 우리 집

지금으로부터 18년 전, 대형 프리패브 회사에 근무하던 나는 오랜 꿈이었던 우리 집을 짓기로 결정했다. 공법은 나무판넬을 접착제와 못으로 접합하는 조립방식이었다.

마루에는 컬러플로어와 쿠션플로어, 벽과 천장에는 비닐크로스, 문에는 염비시트를 사용한 그야말로 문제가 많은 신건축자재로 만든 집이었다. 특히 마감공사와 인테리어에 접착제를 많이 사용하여 새 집 증후군을 일으키기 쉬운 환경을 만들고 말았다.

당시 우리 집을 지은 건축회사는 다른 주택건축에도 주로 신건축자재를 사용하고 있었다. 게다가 그 회사의 단열기술은 남

극기지 거주건물에 채택되었을 정도로 정평이 나 있었다. 나는 워낙 추위에 약해서 모든 창문에 당시로서는 보기 드문 이중창을 주문했다. 그러나 어찌된 일인지 첫 해 겨울부터 결로가 심하게 생기고, 심지어 2층 창에 생긴 결로는 얼어붙어 창문을 열 수조차 없었다.

유리회사 설명으로는 분명히 내외 온도차 32도까지는 결로가 생기지 않아야 정상인데 도무지 이해할 수 없는 상황이었다. 나중에 밝혀졌지만 결로의 원인은 알루미늄 새시에 있었다.

<< 희생양이 된 우리 아이들

내 집을 지었다는 기쁨도 잠시, 초등학교 5학년이던 맏아들에게서 이상한 증상이 보이기 시작했다. 눈이 충혈되고 재채기와 콧물이 멈추지 않았다. 부모로서 도와줄 수 있는 최선의 방법은 병원에 데리고 가는 것 외에 아무것도 없었다. 지금도 휴지로 가득 차 있었던 아들 방 쓰레기통이 잊혀지지 않는다.

그러던 와중에 둘째아들 몸에서는 두드러기가 돋아났다. 점점 심해져서 주사와 약물치료를 받아야 했다. 얼굴과 몸에 생긴 발진은 마치 모기에 물린 것처럼 벌겋게 부어 있다가 긁으면 크게 부풀어 올랐다. 당시 둘째는 초등학교 2학년에서 3학년으로 올라가는 시기였는데 학교생활을 무척 힘들어 했다.

나는 아이들에게서 나타난 각종 증상의 원인이 우리 집일 줄은 꿈에도 생각하지 못했다. 당시는 새 집 증후군이라는 개념 자체가 없었고 신건축자재와 건강이 관련될 줄은 상상조차 할 수 없었기 때문이다. 그러나 우리 아이들의 힘들었던 시절을 통해 집이 건강과 결코 무관하지 않음을 누구보다 잘 알게 되었다.

그 일을 계기로 나는 '건강하고 안전한 삶의 터전'에 관한 공부를 시작했다. 그리고 회사를 나왔다. '가장인 내가 가족의 건강을 지켜야한다!'는 비장한 각오와 함께 샐러리맨 생활을 그만 두었다. 그런데 하필 그 때가 맏아들의 고등학교 입학과 맞물려 있었다. 아들은 원하던 사립 고등학교에 합격했지만 경제적인 이유로 공립 고등학교에 진학했다.

학교를 졸업한 아들은 마스크를 벗고 생활할 수 있다는 이유

로 공기 좋은 삿뽀로에 직장을 구했다. 그리고 결혼 후 지금까지 그곳에서 살고 있다. 가끔 집에 오면 한 시간만에 증상이 나타나서 이제는 거의 찾아오지 않는다.

그래도 혹시나 하는 마음에서 같이 살지 않겠냐고 물어보았더니 '건강이 나빠지는 집에서는 도저히 살 수 없다'는 분명한 대답이 돌아왔다. 부모로서는 조금 서운하지만 충분히 이해할 수 있다. 둘째는 다행히도 증상이 많이 사라졌다. 그러나 지금도 가끔 몸이 피곤하거나 컨디션이 안 좋으면 예전 증상이 다시 나타나기도 한다. 새 집 증후군의 폐해를 우리 가정부터 톡톡히 치른 셈이다.

18

제대로 집을 지어보기로

<< 드디어 목조주택 짓기에 도전

대형건설회사 M사에서 12년간 근무하던 나는 목조주택을 짓고 싶다는 희망에 불타 그만 회사를 설립하고 말았다. 그러나 명함에 새겨진 직함만 사장일 뿐 실제로는 거리를 방황하는 신세나 다름없었다.

그때 도움을 받은 곳이 철골 프리패브 D사다. 나는 2년 동안 D사 대리점을 맡아 수택을 판매하며 내가 목표로 삼고 있던 목조주택에 관한 공부를 하기 시작했다.

돌이켜보면 M사, D사에서 목재와 철골 프리패브 주택의 장단점을 배우고 현장에서 고객의 목소리를 직접 들을 수 있었던 그 시절이 내게 무엇보다 값진 경험이 되었다. 그러나 당시는 이상과 현실 사이의 벽을 두고 고민에 빠져 힘든 나날이었다.

<< 뜻맞는 목수들과 작업하는 행운

나는 D사 대리점을 경영하는 한편, 목조주택의 꿈을 구체화하는 준비작업을 했다. 직접 목재조사를 하러 나가노(長野), 이와테(岩手), 키소(木曾) 등 임업으로 유명한 지역을 여러 번 방문하고 선배들의 조언을 구했다. 그 덕분인지 운좋게도 노송을 산지직송으로 구입하는 판로를 개척해냈다. 남은 문제는 실력 있는 목공기술자를 확보하는 일이었다.

우선 공사가 있을 때마다 목재 생산지에서 실력 있는 목수를 부를까도 생각했다. 그러자 A/S문제가 걸렸다. 결국 이 지역에서 너무 멀지 않은 좋은 시공사를 찾아보기로 했다.

60개가 넘는 회사에 직접 우편을 발송하여 나의 건축의도를 알렸다. 그러나 대부분의 시공사는 신건축자재를 사용하는 빠르고 간편한 주택건축에만 관심이 있었다. 당연히 옛날 방식을 고수하여 만드는 목조주택건축에 동참하겠다는 회사를 쉽게 찾을 수 없었다. 대부분 '바쁜 세상에 목조주택을 짓겠다니 별난 사람이군' 이라는 시큰둥한 반응이었다.

그러나 우연히 전문적으로 다실이나 전통가옥 등 목조건물 건축현장에서 일하는 목수를 소개받았다. 그에게 나의 건축의도를 설명하자 다행히 뜻이 잘 통해서 함께 일하게 되었다.

그로부터 2년 후, 주택전시장에 모델하우스를 세우고 본격적인 활동을 개시했다. 설립 경위에서 잠시 언급했지만 당시 내가 짓는 주택은 대부분 노송나무기둥을 사용하는 주택이었다. 게다가 지금의 프리컷(Pre-cut)처럼 현대화된 작업이 아니라 일일이 손으로 먹줄을 쳐서 표시할 만큼 정교하고 섬세한 작업이었다. 특히 자연산 통나무를 연결하는 과정은 숙련된 목수만이 해낼 수 있는 매우 어려운 작업이었는데 즐거운 마음으로 성실히 작업에 임하는 목수를 보며 무척 감동 받았다. 그들의 장인정신에 존경심이 우러나올 정도였다. 좋은 선장 밑에 좋은 선원이 모이듯 실력 있는 목수 밑에 모인 사람들과 함께 작업을 하니 마침내 내가 원하던 주택이 완성되었다.

<< 장인정신과 재료 선택이 관건

그러나 목조건축에 어려움이 전혀 없었던 것은 아니다. 재료를 들여오는 과정은 비교적 쉽게 해결했지만 목조건축은 그야말로 건강주택 그 자체이므로 신건축자재를 이용한 공사에 비해 복잡하고 비용과 시간이 많이 들었다. 무엇보다 가장 큰 문제는 한정된 소수의 목수들로 공사를 해야 하는 점이었다.

일손이 부족하면 일꾼을 더 불러오면 된다는 식의 간단한 문제가 아니었다. 목수 중에서도 어느 수준 이상의 전문가가 필요했으므로 조건에 맞는 사람을 찾기가 무척 힘들었다.

주문이 들어와도 인력이 부족해서 공사를 수주할 수 없는 것이 실력 있는 목수만으로 소신 있게 일하는 우리 회사의 고충이었다.

좋은 목수는 대체로 책임감이 강하고 몸을 아끼지 않으며 성실하고 꼼꼼하다. 그러나 안타깝게도 그들의 수입은 다른 회사 목수의 반밖에 되지 않을 때가 많다. 그러므로 어지간히 일에 대한 자부심과 신념이 투철하지 않는 한 버텨내지 못한다. 적은 수입을 감수하고 어려운 목조공사에서 실력을 키우려하지 않는 요즘 젊은이들의 입장을 충분히 이해할 수 있다. 현재 실력 좋은 목수들이 프리컷 목재를 조립하고 신건축자재로 간편하게 마감하는 공사현장에서 일하고 있는 이유도 그 때문이 아닐까?

19

'건강에 좋은집'이 최종목표

<< 2×6경량목조주택을 만나다

목조주택의 한계에 부딪혔을 무렵, 나는 미국여행에서 우연
히 2×6경량목조주택을 방문하게 되었다. 지금까지 내가 알던
2×4경량목조주택은 그리 좋지 않았는데, 처음 본 2×6경량목
조주택은 크기도 상당했지만 튼튼하고 매력적인 집이었다.

천장이 높고 공간이 넓게 트인 스타일은 일본식 목조주택기
술로 도지히 무리라는 생각이 늘었지만 스케일을 줄여서 어떻
게든 지어보겠다고 마음먹었다.

그러나 2×6경량목조주택을 지으려면 지금까지 함께 작업해
온 목수들은 물론이고 자재 구입처까지 모두 바꿔야 했다. 그
토록 많은 땀과 노력을 쏟아온 목조주택과 전통가옥 짓는 일을

그만둔다고 하자 예상한 대로 주위의 반대가 극심했다.

2×6경량목조주택을 건축하기에 앞서 새로운 공법에 대한 지식과 경험이 없으므로 잠시 시작을 미루고 우선 수입주택회사 프랜차이즈에 가맹했다.

그런데 기대와는 달리 내가 미국에서 보았던 '주택의 기본'을 그 회사에서는 찾아볼 수 없었다. 결국 이런저런 사정으로 1년만에 프랜차이즈를 탈퇴했다.

그러나 프랜차이즈 가맹점을 하면서 목조주택공부를 할 수 있었던 점은 무엇보다 큰 수확이었다. 특히 이번 경험 경험을 통해 '좋은 주택의 조건은 고기밀, 고단열, 계획환기, 냉난방시스템'이라는 확신이 굳어졌다.

<< 시행착오 끝에 건강창조주택 완성

일본기후에 적합한 '고기밀, 고단열, 계획환기, 냉난방시스템'을 목표로 다시 시행착오가 시작됐다. 우선 환경과 건강을 생각하는 O협회에 가입했다. 여러 가지 도움을 받기도 했지만 주택에 관해 서로 추구하는 이념이 달라 다시 탈퇴했다.

내가 추구하는 주택은 '건강에 좋은가?'라는 한 가지 문제로 집약된다. 당연한 소리지만 집은 튼튼하고 디자인과 성능이 좋아야 비로소 가치가 있다. 따라서 '고기밀, 고단열, 계획환기, 냉난방시스템'은 따로 떼어놓고 생각할 수 없다.

그렇다면 과연 고기밀, 고단열 주택에서 철저하게 계획환기를 하면 '새 집 증후군'은 걱정하지 않아도 될까? 구체적인 내용은 뒤에 나오지만 우선 '건강에 나쁜 자재를 사용하지 않는다'라는 기초 부분부터 다시 시작해야 한다.

아무튼 수많은 시행착오를 겪으면서 드디어 나는 회사설립 15년만에 지금까지 쌓아온 모든 기술을 총동원하여 '건강창조 주택 모델하우스'를 완성했다.

건강을 고려한 냉난방시스템, 편안한 내부구조, 사용자의 꿈을 구체화하려는 연구와 노력 끝에 만들어낸 핸드메이드 주방, 계단, 화장실 등……

모델하우스 이름에 '건강창조'라는 단어를 넣은 이유는 집이 단지 새 집 증후군을 예방하는 차원이 아니라 그 집에 사는 '사람들이 건강해지는 주택'을 만드는 것이 나의 최종 목표이기 때문이다.

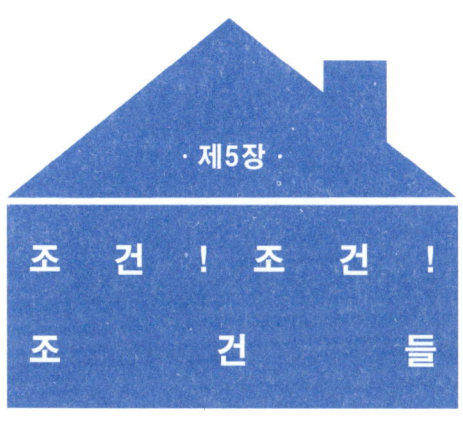

· 제5장 ·

조 건 ! 조 건 !
조 건 들

'병이 나는 집'의 원인은 신건축자재에 포함된 화학물질임이 밝혀졌다. 그런
데 상황에 따라서는 앞에서 건강주택의 조건으로 강조한 '고기밀, 고단열' 도
악화요인으로 작용한다는데, 대체 어떤 조건이 해답인가?

20

전체적인 균형을 고려한다

<< 주택에 필요한 성능표시

2000년 가을부터 일본에서는 주택에 성능표시를 하게 되었다. 예전에는 주택의 성능이라고 해봐야 내구성, 내진성을 가리키는 정도였다.

일본에서는 일반적으로 여름을 염두에 두고 주택을 건축하므로 특별히 고단열, 고기밀 성능을 고려해야 할 필요성을 느끼지 못했다. 그러나 주택의 성능표시를 시작하면서 마케팅에 '고기밀, 고단열'을 강조하는 회사가 늘고 있다.

미국 동북부나 추운 지역의 주택에서는 고기밀, 고단열, 계획환기와 중앙난방시설이 기본 설비인데, 일본 주택은 기본설비에 대한 관심 자체가 부족했다.

아무래도 눈에 보이는 주방이나 욕조 설비 쪽에 관심이 쏠려, 정작 중요한 주택의 기본 성능은 놓치기 쉬웠다. 더구나 예산이 부족하면 성능에 드는 비용을 뒤로 돌리는 일이 보통이었다.

<< 그러나 성능표시에 유혹되지는 말자

이제는 많은 사람들이 주택의 성능 중에서 '고기밀, 고단열'에 관심을 나타낸다.

주택을 건축하는 사람으로서 상당극간면적이나 열손실계수처럼 기밀성이나 열손실을 나타내는 수치상의 작은 차이가 실제 생활에서 어떠한 영향을 미치는지 무척 궁금하다.

솔직히 수치상의 차이와 주택의 쾌적함을 정확하게 구별해
내는 사람이 어디 있을까 싶지만, 전문가가 아니기 때문에 오
히려수치에 집착하는 경향이 있게 마련이다.

그러나 중요한 것은 수치상의 결과가 아니라 예산을 효율적
으로 분배하는 방법이다.

열손실계수만 줄이고 싶다면 값싼 유리솜(glass wool)으로
주택을 온통 감싸버리면 된다. 결로나 나중에 생길 다른 결손
은 어차피 열손실계수와 상관없으므로 이것이 가장 손쉬운 방
법이다. 그러나 주택의 성능은 어느 한 부분이 아닌 가격, 디자
인을 포함해서 전체적인 균형으로 평가해야 한다.

2I

고기밀, 고단열은 일단 필수

<< 알루미늄 새시? 수지 새시?

시애틀에서 주택 공부를 하던 시기에 일본에서는 홋카이도를 중심으로 '북방형 주택' 즉, 혹한 속에서도 쾌적하게 지낼 수 있는 주택 개발이 시작되었다.

당시 일본 주택은 주로 알루미늄 새시와 단판(單板)유리를 사용하고 있으면서 새시 재질에 관한 중요성은 거의 인식하지 못했다. 선진국에서는 이미 수지 새시가 보편적으로 사용되었지만 일본은 값싼 알루미늄 새시를 선호하고 간혹 일부 회사에서 개량 새시를 사용하는 수준이었다.

요즘은 대형 건설회사에서 북부지역 주택에 수지 새시를 사용하는 추세다. 굳이 어느 쪽 새시의 단열성이 좋은지 설명하지 않아도 짐작할 수 있다.

주택 열량 손실의 가장 큰 원인은 개구부에 있다. 아무리 벽과 천장에 단열재를 넣고 규정대로 시공하더라도 개구부 단열이 제대로 안 되면 열손실 문제를 해결할 수 없다.

≪ 냉난방기 보급이 불러온 단열화와 기밀화

'고기밀, 고단열'이 중요한 이유는 무엇일까?

일본 전통가옥은 고온다습한 여름기후를 최대한 고려해서 설계하고, 건물 전체가 아니라 필요한 방에만 따로 난방을 하는 시스템으로 지어졌다. 그러나 생활양식과 주택의 형태가 크게 바뀐 요즘은 각 가정에서 냉난방기를 사용하며, 고기밀, 고단열 주택에 대한 관심이 높아지고 있다.

이것은 주택의 '고기밀, 고단열'이 에너지 효율을 좌우한다는 사실과 밀접한 연관이 있기 때문이다.

단열화 연구는 주로 추운 북부지역 특히 홋카이도를 중심으로 활발히 이루어지고 있다. 반면에 '여름과 겨울'이 뚜렷한 온난지역에서는 고기밀, 고단열에 대한 별다른 관심이 없었던 것이 사실이다. 그러나 몇 년 전부터 냉난방기를 사용하는 사람들이 점차 에너지효율과 주택 성능에 관심을 보이고 있다.

에너지효율은 기밀성을 높이면 함께 좋아진다. 그렇다고 결코 개구부를 조금만 만들자는 이야기가 아니다. 게다가 창문을 닫으면 기밀성이 높아진다는 의미도 아니다.

고기밀, 고단열 주택이란 여름, 겨울에는 냉난방기 가동을 최대한 줄이도록 외부 영향을 줄이고, 봄, 가을에는 창문을 활짝 열고 자연의 공기를 마음껏 들이마실 수 있는 집이다. 이를 실현하려면 단열과 기밀시공이 제대로 되어야 한다.

특히 창문이나 문과 같은 개구부의 단열이 가장 중요하다. 일반적으로 겨울철 열손실의 48퍼센트, 여름철 건물 안으로 들어오는 열의 70퍼센트는 개구부가 원인이다. 여름철에는 빛의 형태로 열이 들어오므로 블라인드나 낙엽수목으로 창을 가려 빛을 차단해야 한다. 창은 이중유리보다 빛은 통과시키되 열은 반사하는 것이 좋고, 새시는 단열 새시가 좋다.

이제 고단열, 고기밀에 대한 연구와 시공기술의 발전으로 예전보다 더 크고 많은 개구부와 밝고 쾌적한 실내를 꾸밀 수 있게 되었다. 개구부의 일광 차단과 성공적인 단열 시공이 에너지효율을 높인 셈이다.

<< 급격한 온도차는 건강에 치명적

고단열, 고기밀 주택의 특징은 실내 온도가 일정하다는 점이다. 그렇다면 실내온도와 건강은 어떤 관계가 있을까?

따뜻한 방에서 추운 화장실로 들어가면 급격한 온도 차 때문에 혈관이 수축한다. 특히 고혈압인 사람은 심한 스트레스를

받고 경우에 따라 뇌졸중을 일으키기도 한다. 이처럼 온도차가 건강에 미치는 영향은 상당히 심각하다. 게다가 건물의 수명을 단축하는 원인도 된다.

벽 내부에 결로를 방지하는 방습층이 없거나 기밀화가 떨어지는 벽은 실내에서 발생한 수증기가 스며들어 내부 결로를 만든다. 그리고 시간이 지나면 토대나 기둥 같은 중요한 구조재가 썩어간다.

고베 대지진에서 무너진 가옥 중에는 구조재가 썩어 있는 주택이 많았다고 한다. 이처럼 단열재를 잘못 사용하거나 기밀층이 없으면 주택 수명이 단축된다.

기밀성을 높인다는 것은 벽, 천장, 마루 등에 사용하는 재료와 재료 사이의 틈을 가능한 한 줄인다는 의미다. 그런데 일부에서 창문 크기와 틈새를 오해하는 사람이 있다. 기밀성을 높이는 것과 창문 크기, 형태는 아무런 상관이 없다.

아무리 벽에 두꺼운 단열재를 넣어도 틈새가 많으면 외부 공기가 들어오므로 단열재의 효과를 기대할 수 없다.

기밀성이 낮으면 끊임없이 외부의 찬 공기가 들어오므로 에너지손실이 크고 난방비가 많이 나온다.

22

기후와 지역에 따라 다르게

<< 완벽한 시공의 어려움과 위험

우리가 본격적으로 고기밀, 고단열 주택에 도전한 것은 불과 6년 전 일이다. 고기밀, 고단열 건물을 지으려면 계획환기와 건물 전체에 냉난방시스템이 필요하다는 확신으로 시작한 일이다.

그 중 어느 것 하나만 부족해도 좋은 주택이 될 수 없다는 생각에, 목조주택의 단열시공이 아닌 홋카이도 북방형 주택 단열시공 전문업자에게 공사를 의뢰했다.

고성능 단열재로 알려진 유리솜(glass wool)은 주위를 덮지 않은 상태에서 시공해야 한다. 유리솜은 극세사로 만든 유리섬유이므로 작업할 때는 반드시 고글과 마스크를 착용해야 한다.

그렇지 않으면 눈과 몸에 미세한 유리가 꽂혀 매우 따갑고 아프다.

비닐 베이퍼베리어(vapor barrier)를 사용하는 목적도 고기밀을 만들려는 것이므로 틈새가 없도록 꼼꼼하게 시공해야 한다. 이런 공사는 대체로 목수가 작업하는데, 상식적으로 목수에게 이런 시공을 의뢰하는 것은 바람직하지 않다. 게다가 단열기밀의 중요성을 제대로 파악하지 못하는 사람에게 작업을 맡기면 조잡하고 엉성하게 시공할 위험이 크다.

배관은커녕 콘센트 기밀처리도 하지 않은 채 고기밀, 고단열 주택이라고 주장하는 엉터리 업자는 조심해야 한다.

<< 북유럽과 캐나다의 기술을 도입하다

앞에서 제기한 여러 가지 문제현상의 근본적인 원인은 시공기술에도 있지만 무엇보다 공사를 담당하는 시공회사의 불충분한 지식에 기인한다. 그러나 설령 문제가 모두 해결된다 해도 주택에 50년 이상의 내구성을 요구하는 지금, 벽 내부 비닐 베리어 시트의 내구성, 단열재의 침하, 습기에 따른 단열결손 등 또 다른 문제가 남아 있다.

우리가 처음 지은 고기밀, 고단열 주택은 북유럽과 캐나다의 기술을 참고로 했다. 콘센트를 포함한 아주 작은 부분의 기밀 공사까지 완벽하게 네트처리를 하고 유리솜 24킬로그램을 블

로잉(blowing)했다.

그 결과 틈새문제를 대부분 개선할 수 있었다. 주택기밀도 실측기준치 C=0.9, 열손실계수 Q=1.15로 캐나다의 21세기형 주택 R2000과 비교해도 손색이 없을 만큼 만족스러운 주택을 완성했다.

23

상황에 따라 공법도 달리 선택

<< 어느 한 철만 고려한 시공이 주택을 망친다

북유럽형 주택을 건축하는 대형건설회사에서는 스웨덴 현지 공장에서 제작한, 한쪽 면에 유리솜을 충전한 판넬을 사용한다고 광고한다. 그러나 운송기간이 오래 걸리고 유럽과 이곳의 기후가 다른 점을 고려할 때 과연 적합한 자재인지 의문스럽다.

회사 설명으로는 외벽에 통기층이 있어서 여름철 내부 결로가 발생해도 안심할 수 있다고 한다. 그러나 실제로 벽 공법으로는 안 쪽을 베리어시트로 막고 바깥쪽에 합판을 붙이므로 유리솜에 포함된 공기나 합판과 목재가 지닌 습기가 통기층을 통해 빠져나갈 수 없다.

이런 문제점에도 유리솜을 쓰는 이유는 시공방법이 간편하고 무엇보다 공사비가 적게 들기 때문이다.

일본의 한 대형건설회사는 자사의 내부단열시공 기술이 우수하여 외부단열을 하지 않아도 충분하다고 주장한다. 그러나 그것은 단순히 공사비를 아끼려는 의도라고밖에 볼 수 없다.

<< 추위보다 고온다습이 더 치명적

스웨덴이나 캐나다, 홋카이도 주택은 내한성 중심으로 시공한다. 무척 추운 겨울을 보내야 하므로 집 전체에 두꺼운 단열재를 넣고 비닐로 한 겹을 더 싸는 시공을 한다.

그러나 베이퍼베리어와 유리솜은 시간이 지날수록 단열효과가 떨어지게 되고, 자재 내부로 습기가 스며들면 결국 구조재가 썩을 수 있다.

이들 지역과는 달리 남쪽지역은 겨울에 영하로 떨어지는 일도 가끔 있지만, 대체로 여름철에 35도가 넘는 찜통더위가 이어진다.

그렇다면 추위와 더위, 어느 쪽 환경이 건강주택에 더 해로울까? 전문가들에 의하면 아무래도 고온다습한 기후가 미치는 영향이 크다고 한다.

24

고기밀, 고단열에도 폐해가?

<< 여름철에 결로가 발생하다

장마가 걷힌 어느 무더운 여름날, 지붕 안쪽과 서쪽 벽에서 문제가 생겼다는 한 주부의 전화를 받고 서둘러 방문한 적이 있다.

조사해보니 지붕 서까래에 붙인 베이퍼베리어 뒷면에 맺힌 물방울이 흘러내리고 있었다. 여름철 내부 결로였다. 먼저 베이퍼베리어를 떼 내고 천장 속에 기밀단열재 시공을 한 다음 용마루에 환기시설을 설치하여 공사를 마무리지었다.

일반 주택은 워낙 틈새가 많아 여름철에 결로가 거의 발생하지 않는다. 그러나 고기밀, 고단열 주택에서는 여름철에도 이처럼 내부에서 결로가 발생할 수 있다.

고성능단열재를 사용한 주택 즉, 고기밀 주택일수록 여름철에 벽 내부에서 결로가 잘 발생한다. 내부 결로가 생기면 단열성이 떨어지고, 구조재가 상하거나 곰팡이가 피는 등 결국 건물과 사람 모두에게 병을 일으킨다.

<< 시공기술이 완벽해야 방지 가능

여름철에 발생하는 내부 결로란 무엇인가?

내부 결로란 쉽게 말해서 벽이나 구조체 내부에 발생하는, 눈에 보이지 않는 결로다. 주로 고기밀, 고단열 시공이 잘 된 주택일수록 쉽게 발생한다. 쉽게 눈에 띄지 않으므로 더욱 조심해야 하는 상황이다.

내부 결로를 방지하는 동시에 고기밀, 고단열 주택을 지으려면 일차로 시공기술이 우수해야 한다. 결국 공사비가 들더라도 외부에서 들어오는 열을 차단할 수 있는, 외부단열을 해야 한다고 결론을 내릴 수 있다.

25

여러모로 좋은 외부단열공법

<< 이제는 내부단열에서 외부단열로

결로를 방지하면서 고기밀, 고단열 주택을 짓는 바람직한 단열방법에 외부단열공법이 있다.

새로 지은 집의 창문과 옷장에서 결로나 곰팡이가 생긴다면 단열기밀성이 나쁘거나 난방을 잘못했기 때문이다.

결로가 생기더라도 일단 눈에 보이는 장소면 닦아낼 수 있다. 그러나 건물 내부에서 발생하는 결로는 문제가 심각하다. 10년 이상 지난 후에 그것도 증개축을 해야만 비로소 발견할 수 있기 때문이다.

단열의 목적은 냉난방개념에서 실내의 열손실을 막아 에너지를 절약하여 냉난방비를 줄이는 것이며 실내외 공기 온도차에 의한 결로 현상을 방지한다. 구조벽을 기준으로 단열재를 시공하는 위치에 따라, 구조벽 안쪽에 단열재를 시공하는 내단열, 내외부 조직벽의 중간에 넣는 중단열, 구조벽의 바깥쪽에 마감과 동시에 시공하는 외단열으로 나눈다. 시공 공법 때문에 내단열과 중단열 방식을 많이 사용해 왔으나, 단열 부위의 불연속한 곳이 발생되어 그곳으로 내외부열이 서로 교환되는 열교현상(Heat Bridge)과 내부 결로방지를 위해 외단열 시공이 유리하다고 판단되어 늘어가고 있는 추세이다.

최근 대부분의 주택에서 내부단열시공을 한다. 그러나 그 이유는 단열효과 때문이 아니다. 단지 공사비가 절감되고 공법에 익숙하기 때문이다. 그러나 얼마 전에 방송한 '미래 거주학' 이라는 TV 프로그램을 계기로 외부단열에 대한 일반인의 관심이 높아지고 있다.

열손실계산법에 따르면 구조재에서 빠져나가는 열교손실(熱橋損失)은 15퍼센트다. 따라서 건축에 관심이 많은 사람은 비용이 많이 들더라도 외부단열시공을 선호한다.

건축주로서는 외부단열공법으로 시공을 의뢰하기에 앞서 다음과 같은 사전조사가 필요하다.

① 다른 공사와 비교해서 비용차이는 얼마나 나는가?

② 디자인이 변동가능하고 자유로운가?

③ 다가올 차세대 에너지에 대처할 수 있는가?

④ 발포계 단열재는 어느 정도 고온까지 견디며,
   특히 지붕은 변형되지 않는가?

⑤ 외벽소재로 추가되는 무게를 얼마만큼 견딜 수 있는가?

⑥ 창틀마감은 어떻게 하는가?

26

고기밀, 고단열 주택은 페트병?

목재를 주요 구조재로 사용하는 대부분의 건축회사에서는 자연소재의 장점을 내세운다. 그렇다면 비닐 베리어시트로 둘러싼 목재도 과연 건강에 좋을까? 주택의 구조와 마감재의 단면(斷面)을 생각해보자.

예를 들어 2×4골조 내부단열시공을 한 평범한 주택(다른 목조주택도 마찬가지다)을 바깥쪽부터 생각해보면 사이딩(Siding), 통기동연(通氣胴緣), 타이백(tieback), 합판, 유리솜(glass wool), 베리어시트(barrier sheet), 석고보드, 비닐크로스 순이다.

이 때 구조체로 쓰이는 목재는 바깥에서 보면 합판, 안쪽에서 보면 베리어시트, 게다가 내장재는 비닐크로스다.

목조주택회사 관계자 중에는 고기밀, 고단열 주택을 마치 페트병에 비유하는 사람도 있다. 그러나 만일 자신들이 짓는 목조 주택 내장재로 비닐크로스를 사용하고 있다면 이것이야말로 대단한 모순이다.

가장 흔한 신소재 내장재인 비닐크로스와 상처가 나지 않는다는 컬러플로어로 마루시공을 한 목조주택이야말로 그럴듯하게 변장해 놓은 페트병주택이 아닐까?

27

건강주택의 필수, 계획환기

<< 실내공기를 적극적으로 바꾸자

새 집 증후군법 시행에 따라 기계환기설비를 의무 설치하게 되었다. 그렇다면 계획환기가 필요한 이유는 무엇일까?

성인이 하루 동안 섭취하는 물의 양은 2~3리터다. 그런데 폐로 들이마시는 공기는 그 7~10배인 20리터다. 주택이 점차 기밀화되어가는 현대인의 생활에서, 건강을 위해 좋은 공기를 마시는 행위는 좋은 음식을 먹는 것만큼 중요하다. 그것이 바로 깨끗하고 신선한 공기를 공급해 줄 환기시설이 필요한 이유다.

대부분의 가정에서는 실내 공기를 연소하는 조리 기구와 난방기를 사용한다. 게다가 신건축자재와 내장재에 접착제를 사용한 주택이 많아 실내 공기 오염수준은 매우 심각하다. 생활용품이나 가구에서 나오는 화학물질까지 가세하여 공기를 더욱 오염시키고 있다.

실내공기의 오염을 막으려면 화학물질이 첨가된 도료나 신건축자재를 사용해서는 안 된다. 아울러 실내공기를 자주 환기해야 한다.

공기 오염 문제에 적극적으로 대처하려고 고안해낸 방법이 바로 계획환기다. 실내공기를 적극적으로 바꾸자는 아이디어인 셈이다.

최근 주목 받고 있는 외부단열공법은 진드기 시체, 배설물과 같은 집먼지와 결로에서 발생하는 곰팡이를 방지하는 건축구조로 천식예방에 도움이 된다.

한편, 창을 통해 직접 신선한 공기가 들어올 수 있도록 방과 창 배치 등에 관한 연구가 활발하게 이루어지고 있으나 도시 밀집지역이나 간선도로에 접한 지역은 창문을 열기조차 어려울 정도로 외부 공기 오염이 심각하다. 실제로 환기를 위해 창문을 활짝 열어놓으면 각종 먼지가 날아 들어와 오히려 집안 구석구석이 뿌연 먼지투성이가 되고 만다.

고기밀, 고단열주택의 계획환기는 실내에 떠다니는 먼지를 없애고 외부의 각종 유해물질이 집안으로 들어오는 것을 차단하여 집안청소의 번거로움까지 동시에 해결하는 편리한 시스템이다.

황사바람이 부는 봄날에 창문을 열 사람은 아무도 없다. 앞으로 점차 심각해질 공기 오염에서 건강을 지켜줄 고기밀, 고단열 자동환기 시스템을 갖춘, 제대로 된 주택이 더욱 절실히 필요하다.

<< 환기 시스템은 365일, 24시간 가동이 기본

제2장에서도 언급했지만 계획환기 시스템은 365일 가동하는 것이 가상 중요하다. 매 2시간마다 실내공기를 교환해야 하기 때문이다.

고기밀 주택에서 건강하게 지내려면 생활습관에도 변화가 따라야 한다. 예를 들어 실내 공기를 연소하는 가스조리기구 대신 할로겐이나 전자렌지 등을 사용하는 것이 좋다.

계획환기는 종류마다 유지방법이 다르다. 사용자에게는 무엇보다 관리하기 편리한 시스템이 좋을 것이다.

환기 시스템에는 공기를 걸러주는 필터가 들어가는데 환경이나 가족의 건강상태를 고려해서 선택하자. 참고로 필터 중에는 꽃가루를 걸러주는 기능을 갖춘 것도 있다.

그런데 아무리 환기 시스템이 잘 갖추어진 곳일지라도 공기를 오염하는 원인물질이 환기능력보다 많이 발생하면 아무런 효과가 없다. 그러므로 생활에서 사용하는 모든 것을 '공기오염' 관점에서 다시 한번 살펴보자.

누누히 강조했지만 환기 시스템은 365일 가동하는 것이 가장 중요한다. 전기료보다는 가족의 건강이 소중하기 때문이다.

<< 계획환기도 내 집에 맞는 형태로

계획환기에도 종류가 있다. 그 중 열교환형 제1종 환기와 외부공기를 자연스럽게 받아들이고 천장에 설치한 배기시설로 실내공기를 강제로 내보내는 제3종 환기가 가장 보편적으로 사용되는 추세다. 종류마다 장단점이 있으므로 주택구조와 생활양식에 따라 선택하는 것이 좋다.

제1종 환기는 집 내부에 덕트(Duct) 배관을 설치해야 하므로 구조가 복잡하고 시공비도 많이 든다. 더구나 천장과 지붕 사이에 기계실을 설치할 공간이 필요하며 필터청소와 점검을 위해 반드시 사다리를 설치해야 한다.

고기밀, 고단열 주택 중에서 내부단열시공을 한 건물은 천장과 지붕사이 공간을 실외로 취급한다. 그러므로 환기시스템공사와 함께 사다리의 기밀성을 유지하는 공사를 추가로 해야 한다. 또한 10~15년 후, 덕트 내부가 얼마만큼 오염될지 알 수 없고, 시공과정에서 덕트를 구부리므로 환기량이 충분히 확보될지도 의문이다.

제3종 환기는 기계로 배기하고 거실 벽에 설치한 급기구(給氣口)를 통해 새로운 공기를 받아들이는, 실내외 압력 차이를 이용한 자연 환기 방식이다. 시스템이 단순하여 시공비가 저렴하고 유지비가 적게 든다. 제3종 환기는 집 전체의 냉난방시스템과 하나로 묶어서 생각해야 하는 측면이 있다.

어느 쪽이든 계획환기는 건강을 위해 앞으로 주택건축 시 반드시 설치해야 하는 필수조건이다.

그러나 환기 시스템을 설치한다고 문제가 모두 해결되는 것은 아니다. VOC 특성상 마루 환기도 필요하기 때문이다. 특히 유아나 노인의 건강에 미치는 영향은 치명적이므로 주의해야 한다.

28

다양한 다기능 소재들

<< 다기능 소재에 관심이 모이는 이유

최근 자연주의와 건강한 삶에 대한 관심이 높아지면서 토벽이나 규조토 같은 다기능 소재가 주목받고 있다. 특히 건강에 관심이 많은 사람은 천연그대로의 순수목재, 타일, 벽돌 등을 함께 사용하기도 한다.

순수목재의 종류를 바꾸거나 칠에 대한 연구를 하고 때로는 타일 등을 사용해서 내장을 꾸며보면 어떨까? 예를 들어 아이들의 손도장을 흙벽에 찍어 남기면 좋은 추억거리가 될 것이다.

그런데 다기능 소재는 마르면서 균열이 생기거나 깨지는 수가 종종 있다. 물론 자연스러운 느낌이 좋아서 일부러 그런 소재를 선택하는 사람도 있다.

토벽, 규조토에는 신축건물의 독성물질은 물론이고 가구, 생활용품에서 나오는 포름알데히드나 애완동물의 냄새, 담배냄새까지 빨아들여 분해하고 습도를 자연스럽게 조절하는 기능이 있다. 게다가 스트레스나 피로를 풀어주는 마이너스 이온효과가 입증된 토벽도 있다.

그 외에도 다기능 소재에는 기밀주택의 결점인 내부 울림을 줄이는 효과가 있다.

그러나 자연소재는 비닐크로스에 비해 시공이 오래 걸리고 비용도 만만치 않다. 따라서 일부 회사에서 규조토에 균열 방지와 시공성을 높이는 부재료를 첨가하는 경우가 있으므로 반드시 확인하고 사용해야 한다.

<< 다기능 소재를 선택할 때 주의점

다기능 소재를 사용할 때 가장 중요한 것은 경험 많고 실력 좋은 전문 시공업자를 만나는 일이다. 실력 있는 장인이 좋은 재료를 사용해서 자신의 기술을 충분히 발휘해야 제대로 된 집을 만들 수 있으며 모든 건축에 공통으로 해당하는 사항이다.

프리패브 회사나 프랜차이즈 회사에는 대체로 실력 있는 장인이 극소수에 불과하다. 그래서 회사이름만 믿고 맡기면 이곳저곳에서 시공 결함이 발생한다. 다기능 소재 시공을 의뢰할 때는 사전에 충분히 조사하고 신중하게 선택해야 한다.

29

건강지향 도료들

<< **미국에서 생산하는 드라이 월**

미국의 주택 내장재로 쓰이는 흔한 재료 중에 드라이 월 (Drywall)이 있다. 느낌이 회반죽과 비슷하며 부드럽고 아름답다.

드라이 월은 석고보드 이음매를 테이핑하고 하지처리(下地 處理)를 여러번 해서 표면을 매끄럽게 다듬고 도료를 발라 완성한다. 이 때 자연도료를 사용하면 건강에 전혀 해롭지 않다.

드라이 월의 장점은 다른 소재로 작업하기 어려운 부분 즉, 모서리나 개구부의 곡선느낌을 살리고, 공간 전체를 고급스러운 느낌으로 연출할 수 있다는 점이다.

미국 부모들은 아이들 방 한쪽 벽에 노아의 방주나 재미있는 동물 그림을 직접 그려주기를 좋아한다. 그리고 아이들이 성장

하면 다른 그림으로 바꾸기도 한다. 이러한 작업을 하기에 드라이 월은 매우 편리하다.

우리에게는 생소하지만 건강에 관심이 많거나 이국적인 느낌을 좋아하는 사람에게 소개하고 싶은 재료다.

<< 계속 개발되고 있는 건강도료들

드라이 월은 주택의 기밀성과 방화성(防火性), 축열성(蓄熱性)을 높이고 보수, 유지, 관리하기 편하다.

최근에는 몸에 좋은 도료, 좌관재(左官材)에 대한 연구가 활발하다. 버려진 조개껍질을 미립자로 분쇄하여 고온에서 구운 친환경도료가 산학협동연구를 통해 개발되었다. 이 도료는 새집 증후군을 방지할 수 있다는 점에서 주목할 만하다.

천연수성분체(天然水性粉體)라는 도료도 있다. 이 도료는 물과 성분을 조정하여 일반 도료, 뿜칠용 도료, 좌관재로 사용할 수 있고 시공성이 우수하다. 게다가 포름알데히드 사용을 최대 1120분의 1로, 휘발성유기화합물(TVOC)은 33분의 1로, 항균, 방충, 흡습, 방습, 냄새제거, 방화기능과 함께 다이옥신 발생을 줄였다. 환경을 오염하지 않는다는 점에서 기대가 크다.

천연수성분체는 천장마감에 적합하고 벽지 위에서 그대로 도장할 수도 있어 리모델링 소재로 사용하기 좋다. 그런데 아쉽게도 색상선택의 범위가 넓지 않고 초록, 빨강, 핑크색은 아직 개발 중이다. 그렇지만 소재 색상의 부족함은 타일이나 벽돌을 사용하면 채울 수 있다. 고가 재료지만 개성 있는 공간을 연출하는데 도움이 될 것이다.

중소 제조업체들도 신제품을 내놓고 있는데, 페인트 제작과정에서 VOC를 전혀 사용하지 않아 포름알데히드 등의 유기화학물질을 없앤 제품을 생산한 한 업체는 1.5배나 비싼 가격임에도 오히려 매출이 올랐다고 한다.

또 광촉매를 이용해 VOC를 제거한 입자를 물 등에 섞어 벽지나 가구 등에 뿌려 줌으로써 인체에 유해한 유기물을 빛과 결합시켜 무해한 물질로 바꾸기도 한다. 평당 시공가는 업체와 상의해서 결정해야 한다.

30

순수목재와 타일

<< 유지비용이 저렴한 순수목재

순수목재(無垢材)란 도장처리를 하지 않은 천연상태의 목재다. 목재는 세월의 흐름을 간직하며 그 집의 역사를 표현한다. 미묘한 색상의 차이와 독특한 자연소재만의 느낌이 있고 습도를 조절하며 실내 울림현상을 줄이는 효과가 있다.

신건축자재에 비해 가격이 비싸 통나무집을 선호하는 사람을 제외하고 집 전체를 순수목재로 짓는 경우는 드물다. 대체로 다른 자연소재와 적절히 조합해서 재미있고 건강에 좋은 공간을 만든다.

바닥재로는 19밀리미터 오크(떡갈나무)플로어가 가장 흔하게 사용된다. 최근에는 주택 내부를 밝게 꾸미는 것이 유행이라메이플, 파인도 인기가 있다.

천연상태의 목재는 균열이나 뒤틀림, 팽창이 조금씩 발생한다. 그러나 자연소재의 특성으로 이해한다면 큰 문제가 되지 않는다. 게다가 증개축을 할 때 착색 도장재를 사용하면 실내 느낌을 바꿀 수 있어 세월이 흘러도 지루하지 않고 반영구적으로 사용할 수 있다.

순수목재는 건강에 좋을뿐더러 유지비도 적게 들어가는 건축자재로 적극 추천하고 싶다.

<< 마감재로 타일을 활용하자

순수목재와 더불어 최근 많이 사용되는 마감재로 타일이 있다. 이탈리아나 스페인산 수입타일은 색상이 아름답고 세련된 느낌에 질감이 좋다. 게다가 관리하기 쉽고 시공 느낌이 독특해서 개성 있는 공간을 연출하려는 사람에게 안성맞춤이다.

300각 이상의 수입타일은 처음 수입할 당시만 해도 흔하지 않은 매우 비싼 재료였는데 취급하는 회사가 늘면서 가격이 많이 내렸다. 주방이나 그밖의 공간에 사용해보면 만족도에 비해 결코 비용이 아깝지 않을 것이다.

디자인 타일에는 가마에서 구울 때 생긴 자연스러운 얼룩이 많다. 그러나 조금씩 개성이 다른 타일이 어우러지면서 생기는 조형미가 대단히 멋스럽다.

이처럼 설비비용은 좀더 들더라도 순수자연 마감자재를 사용하면 새 집 증후군 증상들을 최소화할 수 있다. 그러나 시중에는 순수자연 마감재라고 하면서 실제로는 그렇지 않은 제품도 유통되고 있으므로 꼼꼼하게 살펴보고 선택해야 한다.

· 제6장 ·

뭐 니 뭐 니 해 도
온 돌 이 최 고

쾌적한 주거공간을 원한다면 반드시 실내 습도를 조절해야 한다. 건강주택의
필수조건이면서 가족의 건강과도 직결되는 냉난방시스템에 관해 알아보자.

31

쾌적한 온열환경 만들기

<< 온열환경을 좌우하는 4가지 요소

시공기술이 발달하면서 거실과 화장실의 온도차이는 줄었지만 여전히 주택 내부의 급격한 온도변화로 말미암아 심근경색이나 뇌졸중을 일으키는 사고가 일어난다.

무더운 여름날, 숨막히는 곳에 있다가 에어컨을 가동하는 실내로 들어가면 그야말로 살 것 같은 느낌이다. 그러나 사실 몸을 위해서는 좋은 환경이 아니다. 급격한 온도변화에 적응하느라 신체 곳곳에 무리가 생기기 때문이다. 신체는 온도변화를 겪으면 겪을수록 이상증상이 나타나고 컨디션이 나빠진다.

인간이 쾌적함을 느끼는 '온열환경'을 알아보자.

쾌적감과 불쾌감을 좌우하는 온열환경은 다음 4가지 요소로 결정된다.

　그것은 ① 온도 ② 습도 ③ 바람 ④ 복사열이다. 우리 몸은 이 요소들이 조화를 이룰 때 비로소 쾌적감을 느낀다. 상식적으로 알려진 쾌적하고 건강에 좋은 습도는 40~60퍼센트다.

　예를 들어 여름철에는 실내 온도 30℃, 습도 50퍼센트일 때 바람이 불면 쾌적하다. 한편 겨울철에는 실내온도 19℃, 습도 60퍼센트일 때 추위를 느끼지 않는다.

<< 바닥을 항상 따뜻하게 유지한다

사람은 실내 온도가 높아도 발밑이 추우면 춥다고 느낀다. 따라서 마루바닥을 데우면 실내 공기온도를 높이지 않고 적정한 습도를 유지하며 쾌적한 환경을 만들 수 있다. 전문가들은 이것을 가리켜 복사열을 이용한 바닥난방이라고 한다.

복사열은 구조재, 벽, 천장, 마루, 기구 등에 축열, 축냉되어 있다가 축열체의 총량이 커질수록 크게 작용한다. 외부단열은 구조재를 효과적인 실내 축열체로 바꿔주는 공법이다.

사람들은 대체로 실내 온도를 조절함으로써 온열환경을 컨트롤한다. 더구나 겨울철 난방온도를 지나치게 높게 설정하는 경향이 있다. 난방을 오래 가동하면 실내공기가 쉽게 건조하고, 감기에 걸리기 쉬운 환경이 된다. 여름철에도 에어컨을 켜둔 채 너무 오랫동안 생활하면 자율신경실조증에 걸리기 쉽다.

쾌적하고 경제적인 실내 적정 온도는 여름철이 28℃, 겨울철은 20℃다.

32

상하온도차와 냉난방설계

<< 난방에 따른 온도차를 줄이자

온풍기는 실내 공기를 따뜻하게 데우고 몸에서 열이 빠져나가지 않게 한다. 공기는 온도가 높아질수록 팽창하는 성질이 있어 따뜻하게 데워진 공기는 위로 올라가고 위에 있던 찬 공기는 아래로 내려온다. 공기의 순환이 되지 않으면 실내 윗부분과 바닥의 온도차는 상당히 크게 벌어진다.

예를 들어 바닥에서 60cm 떨어진 곳의 온도를 24℃로 만들려면, 천장은 40℃, 바닥은 15℃ 정도 되어야 한다. 즉 같은 공간 안에서 20℃ 이상 상하온도차가 발생하는 셈이다. 이런 단점을 보안하려면 히터 내부에 공기를 순환시키는 팬(fan)이 필요하다.

인체는 풍속 0.6m/sec 이상인 공기의 흐름을 감지하면 체감온도가 1℃ 낮아진다. 그러므로 더운 바람이라도 너무 세게 틀면 그만큼 실내온도를 높여야 하므로 악순환이 이어진다.

<< 시대에 뒤떨어진 냉난방설계

냉난방시스템만 봐도 주택공사는 아직 갈 길이 멀었다. 건축주는 물론이고 시공업체도 지금까지 쌓아온 경험만으로 주택을 지으려 하기 때문이다. 단적인 예로, 집은 새로운 공법으로 짓는데 냉난방 기술만큼은 옛 방식 그대로다. 간혹 개방형 스토브를 설치해놓은 신축주택을 보면 정말 이해가 되지 않는다.

이유는 간단하다. 집은 새로워져도 주택 성능이나 생활양식이 바뀌지 않기 때문이다. 건축회사 중에는 결로가 생기지 않는 오동나무 서랍장을 설치했다고 광고하는 회사도 있으니 할 말이 없다.

33

중앙냉난방 시스템의 장점

<< 비용 절감형 냉난방시스템

제1종 환기시설과 함께 설치하게 되는 중앙냉난방은 가동비가 적게 드는 장점이 있다. 예를 들어 40~50평 정도의 고기밀, 고단열주택에서는 1년에 드는 가동비가 총 10만 엔~15만엔(100~150만 원)에 불과하다.

우리가 짓는 고기밀, 고단열 주택에서는 전용 200V를 사용하고, 실제 냉난방기 운전 기간은 11월부터 3월까지, 7월부터 9월까지로 길어야 8개월 정도다.

여름철에는 평균 실내온도를 28℃로 설정하여 제습기능을 사용하며, 냉방을 하려고 가동하는 사람은 거의 없다. 이 시스템을 도입하게 된 동기는 설치비와 가동비가 일반 냉난방설비에 비해 저렴하기 때문이다.

많은 사람이 이구동성으로 열대야는 정말 견디기 힘들다고 말한다. 그러나 중앙난방(central heating)설비를 설치한 사람들은 여름철에도 그렇게 많지 않은 연료비용으로 더위로 인한 고생을 피할 수 있다.

고기밀 고단열 주택에서는 겨울철 실내온도를 평균 20℃로 유지하면 충분히 건강하고 따뜻하게 지낼 수 있다. 실내가 골고루 데워지므로 온도차가 없어 쾌적하고 난방비도 많이 들지 않는다.

중앙냉난방이란 1마력짜리 실외기 한대로 집안 전체 냉난방을 해결하는 시스템으로, 각 방마다 실외기가 필요하지 않아 편리하고 우수한 설비다.

앞으로 미래형 주택은 고기밀, 고기압과 계획환기, 냉난방시스템이 하나로 묶여서 만들어져야 한다. 그러려면 가족의 건강을 위해 무엇이 최선인지를 생각해야 한다.

<< 환자에게도 최고, 중앙냉난방시스템

중앙냉난방시스템을 설치하면 겨울철 건조현상이 심해 가습기가 있어야 한다. 그러나 온풍기처럼 실내 공기를 휘젓는 일이 없어 먼지나 진드기시체가 떠다닐 위험이 줄어든다. 따라서 호흡기질환과 알레르기 환자에게 도움이 되고 집안청소도 조금 수월하게 한다.

한 가지 마음에 걸리는 부분은 설치비용이다. 업체마다 조금 다르지만 공사비는 150만~200만 엔(1,500~2,000만 원) 정도 든다. 이 금액에는 계획환기가 포함되어 있으므로 순수 냉난방 설비 설치비는 100~130만 엔(1,000~1,300만 원)정도로 예측할 수 있다. 그러나 이 비용은 각 방마다 따로 냉난방을 설치하는 것과 비교할 때 크게 차이나지 않는다.

34

자연의 혜택을 살린 바닥축열

<< 우물물의 원리가 여기에도…

우물물은 여름에 차고 겨울에 따뜻하다. 땅 속에 저장되어 있기 때문이다. 지표로부터 약 10m 속에 있는 '항온층'의 온도는 그 지역 연간평균기온과 거의 같다. 바로 그 점에 착안한 것이 자갈층을 이용한 바닥축열이다.

자갈을 채우면 사이사이에 공기층이 생긴다. 그런데 그 공기층은 외기의 영향을 직접 받지 않아 겨울철에는 따뜻하고 여름에는 시원하다.

자갈층의 온도는 한겨울에 14℃, 한여름에 24℃ 정도로, 이 온도는 4~6월과 9~10월의 하루 평균기온과 비슷하다.

바닥축열을 하면 문을 열었을 때 느껴지는 겨울철 냉기나 여름철 열기를 줄일 수 있다. 게다가 자연스럽게 겨울철에는 온기가 여름철에는 냉기가 올라온다.

자갈층에는 축열효과와 함께 땅 속에 있는 습기가 올라오지 못하게 하는 방습효과도 있어 마루 속에서 결로가 발생하지 않는다. 그리고 마루 속에는 토대 외에 목재가 전혀 들어가지 않아 흰개미 서식이 불가능해진다. 따라서 흰개미 살충제를 뿌릴 필요가 없다. 결국 건강을 해칠 염려가 없고 비용도 절감할 수 있다.

35

왜 바닥난방인가

<< 온수순환 바닥난방시스템

온수순환 바닥난방시스템은 저온수(低溫水) 바닥난방과 바닥축열을 조합해서 만들어낸 효과적인 난방시스템이다.

이 시스템은 자갈이나 콘크리트층을 축열체로 이용하므로 저온수 바닥난방의 온수효과가 장시간 지속된다. 그리고 그 온수에서 적외선이 방출된다.

공기를 직접 데우는 방식이 아니므로 실내공기 대류가 일어나지 않아 먼지가 날리지 않는 쾌적한 환경이 만들어져 아토피나 천식예방에 좋다. 특히 시공 후에 유지보수가 따로 필요없고, 집안 전체를 난방해도 가동비가 적게 드는 무공해에너지다.

온수순환 바닥난방시스템은 1~3시간 가동하면 바닥표면이 서서히 따뜻해지면서 동시에 적외선 복사열이 나온다. 적외선의 강도는 축열양에 따라 달라지는데, 축열형은 바닥 속에 있는 콘크리트를 축열체로 사용한다. 따라서 콘크리트 부피와 플로어링(flooring) 부피의 합계가 축열체의 총 부피가 된다.

바닥에서 올라온 열은 적외선으로 방출되고, 방출된 적외선은 실내 벽, 천장, 가구 등을 데운다. 직접 실내 공기를 데우지 않아도 공기가 따뜻해지는 이유는 바닥에 닿는 공기, 또는 적외선의 영향을 직접 받은 벽, 천장에 열이 전달되기 때문이다. 온도 차이가 나는 곳은 데워진 물체에 닿은 공기가 전열작용을 해서 서서히 따뜻해진다.

적외선은 공기에 직접 작용하지 않으므로 공기대류가 일어나지 않아 바닥과 천장의 온도 차이가 크지 않다.

온풍기를 사용하는 건물에서 기밀성이 에너지효율을 좌우하지만, 바닥난방을 하는 곳에서는 무엇보다 단열이 가장 중요한 조건이다.

<< 온수순환 바닥난방시스템의 장점

인체는 열을 발산하지 못하면 체온이 오르며 컨디션이 나빠진다. 한편, 발열속도보다 방출되는 체열이 많으면 추위를 느낀다. 온수순환 바닥난방시스템에서 나오는 적외선은 빠르게 발산하려는 체온을 지켜주는 효과도 있다.

지금까지 설명한 온수순환 바닥난방시스템의 장점을 정리해 보면 다음과 같다.

① 복사열이 나와 발밑부터 따뜻해진다.

　인체는 생리적으로 발이 따뜻하면 공기온도가 좀 낮아도 쾌적하다고 느낀다. 천장과의 온도차가 4℃ 안팎이다.

② 온도가 서서히 오르므로 '인체에 무리가 없다.'

③ 화상이나 화재발생 위험이 없다.

　실내에서 불을 사용하지 않고 저온난방이다.

④ 실내에 난방기구를 따로 설치하지 않는다.

　따라서 공간사용이 자유롭다.

⑤ 바람을 일으키지 않아 먼지가 날아다니지 않는다.

　천식이나 아토피성 피부염 환자에게 좋다.

⑥ 건강에 좋다. 공기를 직접 데우는 방식이 아니므로 실내가 건조해지지 않는다. 감기나 피부건조 예방에 효과가 있다.

⑦ 경제적이다. 다른 난방에 비해 가동비가 저렴하다.

<< 가급적 사용하지 말아야 할 여름철 냉방시스템

여름철 냉방에 관한 당신의 생각은 어떠한가?

온열환경을 좌우하는 조건에는 온도는 물론이고 축열, 축냉, 습도까지도 포함된다. 예를 들어 여름철 기온이 28℃, 실내 습도가 50퍼센트 전후라면 냉방설비를 가동할 필요가 없다. 냉방은 난방에 비해 건강에 좋지 않기 때문이다. 그러므로 되도록 사용하지 않는 편이 좋다.

중앙난방시스템 주택에서는 제습기능을 활용하면 여름철 실내 온도를 28~30℃로 유지하면서 시원하게 보낼 수 있다.

우리가 추천하고 싶은 주택은, 예를 들어 겨울철에는 1층 전면 바닥에 온수순환난방을 하고 여름철에는 에어컨을 최대 2대까지 설치하며 주로 송풍기능만 사용하고 지낼 수 있는 집이다. 그 비결은 주택 구조와 마감소재에 있다.

건강하고 쾌적한 생활은 모든 사람들의 희망이다. 그런데 쾌적한 생활을 추구하려다 결과적으로 '건강을 해치는 집'을 만들기도 한다.

앞으로 새 집을 평가할 때는 다음 4가지 사항을 확인하고 선택하기 바란다.

① 고단열, 고기밀 – 단열 새시와 외부단열시공인지 확인한다.

② 계획환기시설 – 환기 종류와 냉난방과의 관계.

　　　　창을 열어 환기할 수 있어야 한다.

③ 냉난방설비 – 석유난로는 최악의 난방기구다.

　　　　중앙난방 혹은 바닥난방시스템이 좋다.

④ 자연소재 내장재 – 새 집 증후군의 위험이 있는 신건축자재는 사용하지 않는다.

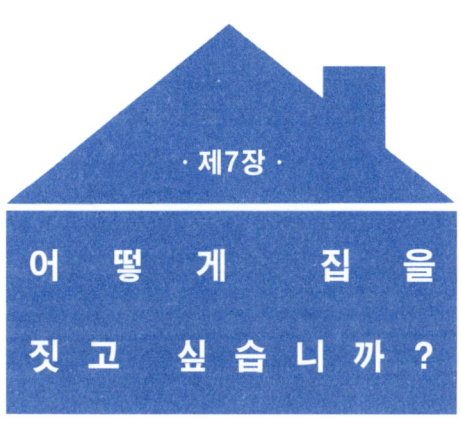

· 제7장 ·

어 떻 게 집 을
짓 고 싶 습 니 까 ?

집을 짓는 일을 결코 전쟁에 비유하고 싶지는 않지만, 그래도 '건강을 해치는
집' 과의 전쟁에서 이기려면 우선 적을 알아야 한다. 지금까지의 공부를 바탕으
로 직접 주택건축현장에 뛰어들어보자.

36

시공사를 잘 선택한다

<< 점차 고급화되어가는 모델하우스

최근에는 태양광발전이나 엘리베이터처럼 편리한 시설과 무공해에너지를 강조한 모델하우스가 늘고 있다. 이제는 프리패브 주택도 차가운 느낌을 주는 외벽과 실내에서 벗어나 자연소재나 벽돌을 이용한 따뜻한 이미지를 연출한다. 얼마 전까지만해도 이러한 자연소재 내장재나 대형설비를 일반 주택에 이용하는 일은 매우 드물었다.

한때는 건물에도 검정색 새시나 칙칙한 모노톤 느낌이 유행했지만 이제는 선명하고 밝은 느낌의 건물을 선호한다.

그런데 재미있는 사실은 주택전시장을 돌아보면 분명히 다른 회사에서 지은 주택인데, 건물 인상이 비슷하다는 점이다.

아마도 사용하는 건축자재가 모두 비슷한 탓이 아닐까.

지붕은 주로 짙은 녹색의 평평한 기와. 외벽은 한때 유행하던 사이딩(siding)이 사라지고 대신 벽돌이나 자연석 느낌의 돌조각 또는 도장, 벽돌은 직사각형이 아닌 앤틱풍의 낡고 모서리가 군데군데 깨진 듯한 타입이 많이 쓰인다. 앞으로 몇 년간은 이런 느낌의 집이 많아질 것 같다.

내부는 어디나 고급스러운 가구와 소품으로 꾸며져 있다. 테이블에는 와인 잔과 고급식기가 세련되게 놓여 있어 이런 집에 사는 사람은 모두 이렇게 고상한 생활을 할 것 같은 착각이 든다. 그 밖의 침실, 자녀 방, 주방도 모두 우아하고 멋진 모습이다.

전시장에 오는 사람들은 모두 내 집에 대한 꿈이 있다. 그런데 모델하우스와 현실을 비교하고 상처받지는 않을지 걱정스럽기만 하다.

회사는 모두 다르지만...

<< 주택건축에 필요한 기준들

주택을 건축하려고 계획하는 사람 80퍼센트는 모델하우스를 둘러본다고 한다. 앙케이트 조사에 따르면 둘러보고 싶은 모델하우스를 선택하는 기준은 다음과 같다.

1. 외관	35 %
2. 회사명	16 %
3. 현관 분위기	13 %
4. 공법	12.7 %
5. 가격	12.7 %

한편, 실제로 시공을 맡길 회사를 정하는 기준은 다음과 같다.

1. 회사에 대한 신뢰성	18 %
2. 가격	16.5 %
3. 보증	13.5 %
4. 구조	11.3 %
5. 외관(디자인)	9.6 %

사를 정할 때는 5위로 떨어지고, 대신 신뢰성이나 가격이 가장 중요한 기준이 되었다.

한편 주택회사 영업사원에게 요구되는 조건으로는 자세한 설명과 조언, 풍부한 지식이 압도적으로 많았다. 어느 쪽이든 주택은 신뢰가 가장 중요한 선택 기준이다.

37

몇 십 년 후를 내다본 설계

<< 가족 의견에 귀를 기울이자

보통사람이 처음부터 머릿속에 '디자인, 구조, 공법'에 관한 명확한 비전을 갖고 주택을 짓는 일은 드물다. 게다가 가족끼리도 의견 차이가 있게 마련이다.

요즘은 평등가족의 시대로 특히 자녀의 의견을 존중하는 부모가 늘었지만, 주택에 관한 한 주부의 의견이 압도적인 힘을 발휘한다. 집에 머무는 시간이 가장 많은 사람의 영향력이 가장 큰 것은 당연한 일이다.

최근에는 많은 사람들이 목조주택에 관심을 나타낸다. 회사 지명도나 기업 규모를 따지는 사람은 프리패브 회사를, 외관과 이미지 혹은 멋진 집에 대한 동경이 있는 사람은 2×4공법이나 수입주택을 고르는 경향이 있다.

그런데 예전과 달리 많은 사람들이 주택 성능에 관한 실질적인 부분, 특히 고기밀, 고단열 수치에 예민한 반응을 나타낸다. 솔직히 전문가로서 0.1, 0.2 같은 작은 수치상의 차이가 쾌적한 생활에 어떤 영향을 미치는지 의문이다.

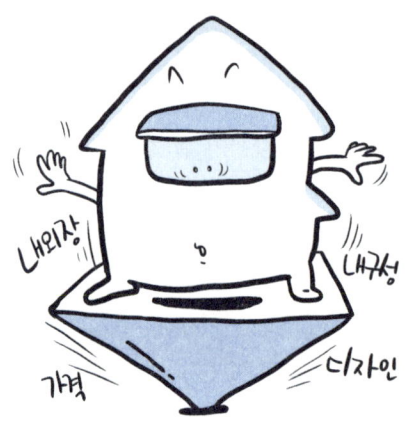

<< 건강한 생활을 위한 예산분배

수치를 줄이려고 건축비에 투자하기보다는 차라리 건강한 생활을 위해 쓰는 편이 훨씬 의미 있지 않을까?

주택 성능은 외관, 디자인, 가격을 포함한 전체적인 균형을 고려해서 평가해야 한다.

예를 들어 창문이 많은 집은 실내가 밝은 반면, 열손실 측면에서는 불리하다. 그러나 열손실 수치만을 생각한다면 무조건 저렴한 유리솜으로 집 전체를 감싸버리면 그만이다.

결로나 시간이 경과함에 따라 나타날 단열결손 등은 열손실 수치와 아무런 상관이 없으므로 무시해버리고, 우선은 가장 손쉽게 만족스러운 수치를 얻어내는 방법이다.

모델하우스를 기준으로 열손실 수치를 비교해봐야 아무 소용없다. 건축은 현장에서 발생하는 작업 변수가 많아 모델하우스 수치가 모든 주택에 적용될 수 없다.

우리는 수치가 아니라 자신이 살 집의 성능을 알아야 한다. 비용은 들겠지만 성능평가를 의뢰하는 것도 좋은 방법이다.

<< 미래의 가족구성과 체력저하를 고려하자

가족구성원에 변화가 예정된 가족은 더욱 신중을 기해 주택 구조를 검토해야 한다. 10년 후, 자녀가 독립하면 구성원이 줄어들 테고, 자신의 건강상태 또한 젊은 시절과는 많이 달라져 있을지도 모른다.

예를 들어 신축할 때 자녀들의 방을 각각 따로 만들면, 10년 후에는 빈 방이 생긴다. 그러면 빈 방의 벽을 트고 자신이 원하는 공간을 새롭게 구성할 수 있다.

방 배치를 결정할 때는 10년 후의 가족모습을 시뮬레이션 해보자. 10년 후에 있을지 모를 리모델링을 대비해서 서까래나

기둥의 위치를 신중하게 결정함이 어떨까? 처음부터 리모델링 하기 좋은 구조로 만들어 놓으면 공사비를 절약할 수 있다.

자신이 살 집을 자유롭게 설계할 수 있다면, 그 장점을 최대한 살려야 한다. 미래의 가족 구성과 생활의 변화를 고려한 주택구조야말로 주택설계의 기본이다.

38

싼 집은 비지떡?

<< 싼 집에는 그만한 이유가 있다

최근 전단지나 카탈로그를 보면 저렴한 가격에 풀 옵션을 강조하는 주택이 많다. 가격을 판매 전략으로 내세우는 주택광고도 흔히 접할 수 있다. 특히 주택가격에 비해 설비를 잘 갖췄다는 인상을 주려고 애를 쓴다. 가끔 보면 작은 평수에 욕실은 최고급으로 꾸며, 심지어 TV까지 설치해 놓은 곳도 있다.

설비를 전면에 내세운 광고를 자세히 들여다보면 정작 중요한, 주택의 구조나 성능에 대한 설명은 빠져 있다. 그런 주택일수록 설비나 내장재를 선택할 자유가 없고 대체로 싼 제품으로만 시공한다고 한다.

이것도 하나의 주택건축 방법에 속하는지. 기껏 해봐야 5~7

년밖에 사용하지 못하는 설비를 미끼로 고객을 이용하는 방법
은 너무하지 않은가 묻고 싶다.

<< 가장 중요한 요소는 구조와 성능

설비를 내세우는 이유는 적은 비용으로 큰 효과를 거둘 수
있기 때문이다. 주택의 성능과 내구성을 강조하려면 그만큼 공
사비가 많이 들어간다는 의미이기도 하다. 그러나 집이란 쉽게
구입하거나 마음에 안 든다고 교환을 요구할 수 있는 물건이
아니다. 그러므로 '싼 집이 비지떡'이라는 가슴 아픈 일을 겪
지 않으려면 주의해야 한다. 즉, '싸다'는 이유만으로 주택을
결정해서는 안 된다는 말이다.

건축자금이 부족하면 차라리 계획을 미루자. 내 집을 몇 채
씩 지을 수 있는 사람은 없다. 그러나 일단 집을 짓기 시작했다
면 설비에 비중을 두지 말고 주택의 본질적인 구조나 성능에
예산을 사용함이 현명하다.

집은 일단 준공만 하면 끝이 아니다. 시대나 구성원의 변화
를 미리 예측하고 그에 대응할 수 있어야 한다. 그러므로 뼈대
나 내장에 해당하는 부분을 신중히 검토하고 결정해야 한다.

39

이제는 '나만의 집'을 짓는다

<< 대량구입, 대량판매의 비밀

주택가격은 구조나 마감, 설비 등 많은 요소로 결정된다. 비싸다고 반드시 좋은 집은 아니지만 주택가격이 싸다면 반드시 그럴 만한 이유가 숨어있다.

특히 저가주택은 대량구입, 대량판매의 특성상 내장재를 조금 바꾸거나 설비를 추가하면 엄청난 비용이 청구된다.

아무튼 저가주택은 판매 전략상 '어떻게 이 가격에 이런 집이 만들어지는 걸까?' 하고 놀랄 만한 가격을 제시한다.

대량판매, 대량구입, 대량시공 등 모두 대량으로 승부하는 저가주택에서는 추가비용 없는 선택의 자유란 있을 수 없다.

<< 프랜차이즈 시스템의 숨겨진 진실

어느 날 나는 우리와 비슷한 자재와 설비를 사용해서 제법 잘 지어놓은 주택을 발견했는데 믿기 힘든 가격으로 판매하고 있었다. 어떻게 그 가격으로 시공과 판매를 할 수 있는지 궁금하기도 하고 노하우를 배우고 싶어 프랜차이즈에 가맹했다.

프랜차이즈 약관을 보니 '평당가 29만5천 엔(약 295만 원)', 가맹점 이익이 25퍼센트였다. 그렇다면 도대체 원가는 얼마라는 소리인지.

아무리 생각해도 가맹점 이익을 뺀 '22만 1천 250 엔(약 221만 원)'으로 좋은 주택을 만들 수는 없다. 프랜차이즈 사용료는 한 채당 평균 60만 엔(약 600만 원)부터 내게 되어 있고 게다가 다달이 청구되는 비용도 있다.

결론부터 밝히면, 그 가격으로 시공, 판매를 하는 것은 역시나 불가능한 일이었다. 본부에서 제시한 가격은 순전히 고객의 환심을 사려는 미끼일 뿐, 알고 보니 60평 전후의 기획주택에 한정되어 있었다. 물론 이 사탕발림 주택도 막상 그 가격으로 시공하면 적자가 될 것임에 분명했다.

본부 설명에 따르면 싼 가격에 관심을 기울이며 찾아온 고객에게 비싼 주택을 팔거나 반드시 옵션을 선택하게 해서 그 수입을 챙겨야 수익이 남는다. 그리고 원칙적으로는 공사비에 포함되어야 할 수송비, 가설공사, 설계비 등을 따로 계산해 놓아서 결국 광고지에 나온 가격은 일종의 속임수에 불과했다.

실제로 고객이 지불하는 금액은 평균 42만 3천 엔(약 423만 원)이므로 회사로서는 전혀 손해 보는 장사가 아닌 셈이다. 그렇지만 나는 그런 식으로 주택을 짓고 싶지 않았다.

시공에 들어가는 모든 재료를 본부를 통해 구입해야 하고 현장에는 하루일당을 받는 사람들이 모여 작업하므로 고객의 요구사항이나 희망은 전혀 반영할 수 없었다.

나는 좋은 집을 지으려면 현장에서 일하는 사람들과의 관계도 중요하다고 생각하므로, 결국 이런저런 뜻이 맞지 않아 2년 만에 가맹을 탈퇴했다. 짧은 기간 동안의 프랜차이즈 가맹을 통해 본부만 이익을 챙기는 감춰진 진실을 깨달았다.

<< 대량생산에서 다양화 시대로

현재 일본에서는 대형건설회사나 프랜차이즈 회사에서 시공하는 주택이 인기를 모은다. 성능표시를 믿을 수 있고 하자보수가 확실하다는 점에서 사람들의 마음이 끌리는 모양이다. 따라서 소규모 시공회사는 어디든 회사에 소속하려는 움직임을 보이고 있다.

주택성능에 별로 관심이 없고 무엇을 어떻게 하면 좋을지 아이디어도 없는 업자들은 체계가 잘 잡힌 회사에 소속하여 재료 공급이나 카탈로그 등 판촉자료를 구입하고 본부에서 교육하는 대로 따라간다.

대형건설회사에 소속되면 이전에 쌓아온 업자와의 관계, 전문가와의 관계가 모두 사라지므로 그 지역 토박이 시공업체라고 할 수 없다. 특히 주택 가격경쟁은 마치 대형할인점에 밀려 사라져버린 구멍가게처럼 소규모 시공업체를 위협하고 있다.

하지만 이제 대량생산, 대량판매의 시대는 지나고 있다. 사람들도 점차 개성 있는 자신만의 공간을 원한다. 우리 회사 고객들도 최근에는 개성을 중요하게 생각하고 가족 건강에도 관심이 많아 주택 성능을 자세히 알아보거나 개성 있는 디자인을 선호하고 있다.

40

올바른 정보와 상호신뢰

<< 자연주의 주택에도 약점이 있다?

오로지 전통소재를 사용한 전통가옥만을 건강주택이라고 주장하는 시공업체가 아직도 있다.

'고기밀, 고단열 주택은 페트병 주택이라 몸에 해롭다.'

'자연소재를 사용한 고단열, 중기밀(中氣密)이 좋다.'

설계사라는 사람이 이렇게 말도 안 되는 억지주장을 한다. 세상이 이처럼 눈부시게 발전하는데 집은 옛날 방식이 가장 좋다니 이런 억지가 어디 있단 말인가.

이런 사람들은 새로운 건축기술을 배울 생각이 없거나 주택을 단지 그 지방 풍토에 맞게 지으면 된다고 생각하고 있음이 분명하다.

사실 자연소재로 지으면 신건축자재를 사용한 주택에 비해 건강에 좋다. 새 집 증후군 문제도 흰개미 외에는 걱정할 부분이 없다.

전통가옥은 '건강하고 쾌적한 주택' 의 기본 조건을 충족시킨다. 그러나 온열환경에 대한 기술이 매우 부족하다는 사실을 인정해야 한다.

<< 올바른 정보를 제공하자

사람은 누구나 자신의 경험이나 지식에서 형성된 가치관과 척도를 갖고 살아가게 마련이다. 그러나 주택을 지으려면 주택에 관한 시야를 넓혀야 한다.

건축을 다각도에서 살펴보면 좋은 주택을 선택하는 데 많은 도움을 얻을 수 있다. 그러나 잡지나 매스컴을 통해 보도되는 정보는 아무래도 건축회사에 유리한 내용이 많아 진실을 알기 힘들다. 진정으로 건강주택을 추구하는 사람에게는 도움이 될 만한 내용이 그리 많지 않다. 건강에 해로운 영향을 미치는 신 건축자재에 대한 정보나 새 집 증후군 피해사례를 속시원히 밝혀놓은 기사는 찾기 힘들고 구조나 공법을 중심으로 한 신기술에 관한 내용이 주를 이루기 때문이다.

건축계에 몸담고 있는 한 사람으로서 주택에 관한 올바른 정보를 제공하는 일은 매우 중요하다. 물론 잘못된 정보를 바로 잡는 일도 소홀히 할 수 없다.

회사에 좋지 않은 내용일지라도 솔직한 정보를 제공하기, 그 자체만으로도 고객의 신뢰를 얻을 수 있다. 그리고 신뢰가 쌓이면 결국 선택으로 이어진다.

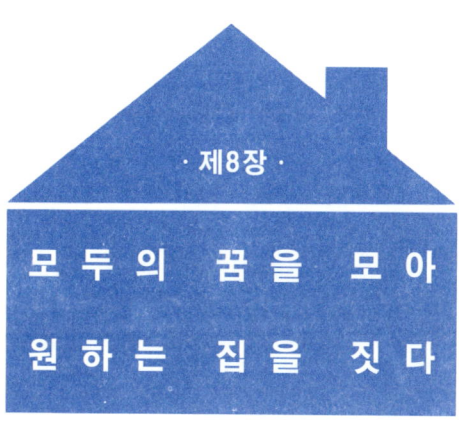

· 제8장 ·

모 두 의 꿈 을 모 아
원 하 는 집 을 짓 다

주택건축은 많은 사람들의 노력이 모여 하나의 완성품을 만드는 총체적인 작업이다. 따라서 진정한 건강주택을 지으려면 건축주와 시공사 간의 이해와 신뢰가 바탕이 되어야 한다.

41

집에 대한 꿈을 갖자

<< 비전이 주택을 결정한다

집을 지으려는 사람에는 2종류가 있다. 하나는 단순하게 집을 짓고 싶은 마음이 앞서는 사람이고 다른 하나는 확실한 비전을 갖고 꼼꼼하게 준비하는 사람이다.

비전이 없는 사람은 주택에 대한 판단기준이 애매모호하다. 그가 주택을 결정하는 가장 중요한 기준은 '가격'이다. 특히 주택가격과 옵션이 선택기준이 되기 쉽다.

주택전시장에 가보면 전통가옥부터 다양한 구조의 프리패브 주택, 2×4공법 수입주택까지 다양한 공법과 디자인의 모델하우스가 전시되어 있다. 구체적인 건축계획을 앞두고 전시장을 방문한 사람은 평균 7개 회사의 모델하우스를 보고 카탈로그를 챙겨 돌아간다.

한편 확실한 비전을 갖고 있는 사람은 목조, 프리패브, 2×4 경량목조주택 중에서 자신이 원하는 스타일을 정해 둘러보며 건물에 대한 질문내용이 분명하다. 또한 주택에 대해 열심히 공부하는 공통점이 있다.

집에 대한 비전이 확실하면 건축업자는 시공 가능 여부를 쉽게 판단할 수 있다. 내가 만나는 대부분의 고객은 주택에 대한 관심이 높았고 열성을 다해 공부했다.

간혹 설계에 관해 상의하러 자택을 방문해보면 주택관련 서적이 잔뜩 쌓여 있다. 중요한 내용은 파일에 꼼꼼히 정리해 놓는 사람도 많았다. 외관은 물론이고 주방, 욕실, 그밖의 세심한 공간까지 놀라울 정도로 시간과 정성을 쏟는 모습에서 주택에 대한 꿈을 엿볼 수 있었다.

고객의 꿈을 한정된 예산 범위 내에서 모두 이뤄줄 수는 없지만 고객과의 이러한 작업을 통해 연대감을 느낄 수 있다.

42

함께 만들어가는 즐거움

<< 적극적으로 참여한 의뢰인의 경우

Y씨는 건강주택에 관해 상담하고 간 평범한 고객이었다. 당시 그는 여러 주택회사를 꼼꼼히 비교하던 중이었는데, 우리 회사는 특별히 끌리는 면이 없었다고 한다.

우리 회사 영업사원은 그 후 몇 차례 Y씨를 만났지만 연락이 오지 않자 '이미 다른 회사로 결정했겠지'라고 생각했다.

당시 우리 회사는 Y씨에게 제안했던 내부단열공법의 주택을 그만두고 기본부터 새롭게 시작하는 획기적인 시기를 맞이하고 있었다.

Y씨가 비록 시공을 의뢰한 고객은 아니지만 전에 몇 차례 상담을 했으므로 어찌됐든 '당사는 지금까지의 주택방식에서 벗

어나 신공법을 사용하여 이러한 주택을 만드는 회사로 거듭나려 합니다' 라는 일종의 안내문을 발송했다. '외부단열, 건강주택' 으로 공법을 변경한다는 단순한 내용이었다.

Y씨로서는 가뜩이나 공사비용에 민감할 시기인데 공사비가 높아지는 공법으로 건축하겠다는 안내문은 그야말로 쓸데없는 종이조각이 될 수도 있는 노릇이었다. 그러나 회사가 기본공법을 바꾼 시점에서 한번이라도 상담한 고객에게 변경내용을 알려야 한다고 생각했다.

그런데 며칠 후 생각지도 않았던 Y씨의 전화가 걸려왔다. 이미 읽었겠지만 안내문을 간략하게 설명하자 내용을 구체적으로 알고 싶다며 이쪽으로 찾아오겠다고 했다. 반가운 일이었다.

나는 그 때 처음으로 Y씨와 인사를 나누었다. 그리고 어째서 건축의 본질적인 방향을 바꾸게 되었는지에 관해 설명했다.

그러자 차분히 내 설명을 듣고 있던 Y씨의 표정이 밝아졌다. Y씨의 부인은 핸드백에서 G사의 설계도면을 꺼내 펼쳐보았다. 꽤 잘 만들어진 설계도였다.

"실은 거의 G사로 마음을 굳히고 있었어요. 그런데 마지막 단계에서 선뜻 결정을 못내려 고민 중이었죠. 설계는 G사와 여러 차례 논의를 거쳐 만족스럽게 완성했고 공사비도 예산 내에서 해결했지만, 왠지 중요한 뭔가가 빠진 듯했어요."

그렇게 고민하던 그는 마침 우리가 보낸 안내문을 읽고 구체적인 내용을 알고 싶어 방문한 것이다.

<< 본인의 밑그림과 선택을 우선한다

실은 Y씨도 외부단열과 건강소재를 사용한 주택을 찾고 있
었는데 그와 관련된 정보를 구할 수 없어 집짓기를 포기하려던
참이라고 했다.

Y씨와 자세한 이야기를 나눠보았다. 처음에는 G사가 제시
한 공사비 예산범위에서 외부단열시공이 가능한가 하는 문제
부터 설비에 관한 내용까지 모두 들어보았다. 그러자 부인이
설비에 대해 전혀 무관심한 사람처럼 느껴졌다.

"난 요리를 좋아하는 사람이 아니니 주방이나 화장실은 평범해도 상관없어요"라는 부인의 말에 조금 특이한 사람이라는 인상을 받았다. 주방이나 화장실은 부인들이 가장 관심 있어 하는 장소이기 때문이다.

"우리 회사 직원들 대부분은 무슨 작업을 하든 전혀 경험이 없어도 의욕 있게 일합니다. 그런 사람들과 함께 일하는 저도 새로운 스타일에 도전하면 무척 설레고 즐겁답니다."

차를 마시면서 이런저런 이야기를 하자 부인이 망설이듯 말을 꺼냈다.

"어차피 말해도 불가능하다고 거절당할까봐 포기하고 있었죠. 그렇지만 사실은 오래전부터 설비나 외관, 마감재에 대한 꿈이 많았어요"라며 속내를 털어놓았다.

모아둔 사진 파일을 보여주었는데, 정말로 열심히 자료를 모은 듯 많은 사진이 공간 별로 꼼꼼하게 정리되어 있었다. 주방, 화장실, 욕조, 외관 심지어 문에 이르기까지 모두 핸드메이드 주택 사진이었다.

욕조나 화장실 모두 자연소재로 만든 독특한 느낌이었다. 우리에게는 무척 생소한 스타일이었지만 "독특하고 재미있는데요. 함께 도전해봅시다"라고 대답했다.

화장실은 변기와 욕조, 세면대를 넉넉한 공간에 배치했다. 1층 전체를 바닥난방시스템으로 시공해서 욕실도 쾌적한 공간

이 되었다.

타일은 Y씨가 원하는 이미지가 있다고 하여 직접 선택하도록 본인에게 맡겼다.

주방은 대부분 핸드메이드로 만들었는데 그 중 가장 어려운 부분은 동판을 손으로 두드려서 만든 후드커버였다. 게다가 가로 1m, 세로 2.5m 공간을 타일로 마감하는 일도 쉽지 않았다.

전체적으로 비용이 많이 들고 어려운 과정이었지만 함께 지혜를 짜내며 노력한 끝에 희망하던 주택을 완성했다.

Y씨는 건축 현장에 자주 찾아가서 일하는 사람들과도 매우 친해졌고, 그들은 준공축하 자리에도 함께 모여 기뻐했다.

그런데 공사 시작 후 얼마 되지 않아 본인이 원하는 이미지의 모델하우스가 부근에 세워져, 우리도 그 집에서 시공에 도움이 되는 아이디어를 많이 얻을 수 있었다. 그 모델하우스는 외부단열시공을 했고 지붕은 테라코타 기와를, 외벽은 밝은 색조의 프로방스 좌관재를 사용했다. 주방은 핸드메이드 느낌의 이탈리안 스타일이었다.

주택을 건축하는 일은 확실한 예산과 설계가 필요한 대형 프로젝트다. 그런데 무엇보다 중요한 것은 함께 작업하는 사람에 대한 신뢰다. 아무튼 Y씨 주택건축은 우리에게 또 다른 가능성을 열어준 계기가 되었다.

43

희망 우선순위를 전달하자

우리는 인체에 무해한 내장재는 물론이고 건강에 좋은 자연소재만으로 모델하우스를 지었다고 자신했는데 포름알데히드 수치는 0.042PPM이었다. WHO가 정한 기준치인 0.08PPM의 절반이라고는 하지만 어째서 이런 결과가 나왔는지 원인을 알 수 없다.

우리는 지금까지 다양한 주택을 지어왔지만 구조강도에 문제만 없으면 기꺼이 새로운 테마에 도전하여 경험을 쌓는다. 그러나 불가능한 공사는 확실하게 거절한다. 현재 우리 회사에서는 건강에 해로운 소재를 사용하지 않는다. 그러므로 고객이 예산이 부족해 비닐크로스나 컬러플로어를 사용해달라고 요구하면, 안 됐지만 거절할 수밖에 없다.

단열은 외부단열이 현재 가장 앞서가는 방법이라고 생각하지만 그렇다고 고객에게 억지로 권하지는 않는다. 아무리 좋은 공법일지라도 예산은 한정되어있기 때문이다. 그러나 예산이 부족하다고 인체에 해로운 집을 짓는 일은 없었으면 한다.

Y씨처럼 함께 지혜를 짜내 연구하면 보통 예산으로도 얼마든지 건강주택을 지을 수 있다.

무리하게 공사비를 맞추느라 맘고생하지 말고 자신의 희망 우선순위를 정해 회사에 명확히 알리는 일이 중요하다.

'원하는 대로 무엇이든 시공해 드립니다' 라고 말하는 업자는 존재하지 않는다. 회사마다 자신 있는 시공분야가 있고 업

자는 그 분야에서 맘껏 기술을 펼치고 싶어 한다. 그러므로 업체를 잘못 선택하면 서로가 시간과 노력을 낭비할뿐더러 업체에 대한 불신만 커진다.

건축주가 자신이 지으려는 건물의 비전을 확실하게 제시하면 어느 부분에 집중적으로 힘을 쏟아야 할지 답이 쉽게 보인다. 사전 검토 과정에서 반드시 이 부분을 짚고 넘어가야 실패하지 않고 건물을 지을 수 있다.

그렇다면 무엇을 기준으로 삼으면 좋을까? 건강, 외관디자인, 구조공법 등 여러 개의 비전이 동시에 나타날 수도 있다.

어렵더라도 차근차근 머릿속에서 이미지를 하나씩 정리해보면 이상적인 주택을 찾아갈 수 있다.

44

그래도 후회하지 않으려면

<< 공사일지를 꼼꼼이 기록하자

구체적으로 공사계획을 잡으면 공책을 한 권 준비하자.

그리고 자신이 느낀 점이나 의문점, 생각나는 점 등을 모두 메모한다. 말하려다 잊어버리고 공사가 끝난 뒤에 '아차!' 하는 일이 생기지 않도록 무엇이든 꼼꼼히 적어놓는 습관이 중요하다. 물론 이 공책은 준공 후에 중요한 공사기록일지로 사용할 수 있다.

건축주가 "처음이라 잘 몰랐습니다"라고 불만을 토로하면 업자로서 무척 괴롭다. "처음부터 말렸으면 안 했을 텐데……" 라는 말도 마찬가지다.

그것은 억지다. 나름대로 경험 많은 업자들이 실수하는 일은 드물다. 오히려 건축주가 완고하게 고집을 부려 그렇게 된 경우가 대부분이기 때문이다.

<< '생각했던 이미지와 다르다'?

이미지를 남에게 전달하는 일은 무척 어렵다. 머릿속에 있는 그림을 말로 상대방에게 전달하기란 사실상 불가능하다. 그러므로 이미지를 잘 표현한 사진이나 그림 등을 오려두었다가 참고로 보여주면 도움이 될 수 있다.

특히 문제가 많이 생기는 부분은 색상이다. 샘플을 보고 결정했어도 생각했던 이미지와 너무 다르다며 실망하는 사람이 적지 않다. 외벽의 색상은 사진만으로 정확히 알 수 없고 준공 직후 보이는 색상이 샘플보다 조금 짙다는 점을 상식으로 알아두자.

'모델하우스와 똑같이 시공해 주었으면' 하고 바라는 사람은 프리패브나 규격화된 주택이 좋다. 그 또한 개인의 취향이므로 존중해야 한다.

<< 건축과정에 적극적으로 참여하자

개성 있는 나만의 집을 만들려면 건축과정에 적극적으로 참여하여 함께 만들어가는 자세가 필요하다.

'당신은 집을 짓는 사람, 나는 건축비를 지불하는 사람'의 관계가 아니라 설계과정부터 적극적으로 참여하고 가능한 한 현장에도 자주 들르자.

누구에게나 자기 집을 짓는 일은 무척 즐겁고 기쁘게 마련이다. 늦은 밤, 문득 가족과 함께 손전등을 들고 찾아가서 '어디까지 진행되었을까?', '내 방은 어떻게 되어가나?' 돌아보는 것처럼 가슴 설레고 신나는 일이 어디 있을까?

공사현장으로 찾아와서 작업하기 힘들 정도로 이런저런 말을 자꾸 걸거나 변경을 자주 요청한다면 곤란하겠지만, 사실 시공하는 사람들로서는 관심을 기울여 많이 찾아오는 건축주를 환영한다. 건축현장에서 일하는 사람들과 건축주와의 관계는 좋은 집을 만드는 데 필요한 요소다.

집을 짓는 과정을 여행에 비유하면 다음과 같은 공통점을 발견할 수 있다.

① 가족이 함께 의견을 나누며 계획하는 즐거움
② 과정에서 느껴지는 설레임과 기대
③ 준공 후 얻은 시공사나 건축회사와의 인간관계

친구나 친척에게 자신의 건축 경험을 즐거웠다고 말할 수 있는 사람은 유지보수 문제가 발생해도 분명 건축회사와 좋은 관계를 유지하며 잘 대처할 수 있다. 그런 점을 고려해서 건축회사 사장이 적극적으로 현장을 돌아다니는 회사에 일을 맡기자.

그러나 대형건설회사 사장과 직접 만날 수는 없다. 그럴 때는 최소한 실무 책임자를 알아두어야 한다. 현장감독은 회사를 자주 옮겨 다니므로 공사 후 연락해보면 연락이 끊길 위험성이 높기 때문이다.

45

건강한 집은 웰빙의 필수조건

<< 정보와 기술의 조화가 관건

우리는 최근 몇 년 동안 주택 건축이 눈부시게 발전했다는 사실을 건축현장에서 실감하고 있다. 지금까지 알 수 없었던 세계 각지의 최신 건축 정보를 인터넷을 통해 누구나 쉽고 빠르게 접할 수 있기 때문이다.

특히 건축을 전공하는 학생들은 새로운 정보를 적극적으로 찾아다니므로 오히려 현장에서 일하는 사람들이 학생들의 신선한 도전과 아이디어에 대처할 수 없을 정도라고 한다.

부끄러운 현실이지만 우리는 경쟁사에 관해서라면 쓸데없는 부분까지 자세히 알고 있으면서 건축 기술에 관한 정보에는 무관심하다. 더구나 자사기술력으로 불가능한 공사는 아예 기술로 인정하지 않으려 한다. 설령 새로운 정보를 접하더라도 현실적으로 공사에 응용할 기술력이 부족하면 그저 낡은 기술에 의존할 수밖에 없으니 한심한 노릇이다.

<< 때늦은 후회보다 지금 실천하자

예전에는 새 집 증후군을 체질이 유별난 일부 사람들에게서 나타나는 특이한 증상 정도로 생각했다. 그러나 이제 사회에서 새 집 증후군을 바라보는 시각이 변하고 있다. 바꾸어 말하면 그만큼 새 집 증후군으로 고통을 겪는 사람이 많아졌다는 것을 의미한다.

2003년 7월 이후, 새 집 증후군에 대한 지식이 없어서 '병이 나는 집을 지었다'는 상황에서, 충분한 정보를 바탕으로 '건강해지는 집'을 지을 수 있는 시대로 접어들었다.

올바른 정보와 연구 부족으로 지금까지 수없이 시행착오를 겪어야 했던 우리는 반성해야 할 점이 너무도 많다. 특히 주택 성능을 추구하며 여러 가지 실험을 하면서 가장 소중한 인체 건강에 관한 부분 즉, 건물이 인체에 미치는 악영향 등에 관해 너무나도 무지했다는 점을 인정해야 한다.

우리는 다양한 정보와 피해 사례를 접하고 나서야 비로소 건강한 주택만들기에 관심을 기울이게 되었다. 그런데 신기하게도 그 후 건강에 관한 정보, 건강에 좋은 자연재료 등이 많이 모여들고 있다. 따라서 우리는 소중한 정보와 건축자재를 사용하여 건강에 좋은 집 만들기가 훨씬 용이해졌다. 안타까운 점은 이렇게 우리가 쌓아온 정보와 기술을 건축학과 학생과 관련 업자에게 전달할 기회가 거의 없다는 사실이다.

내 집은 이곳저곳 살아보고 비교할 수 있는 공간이 아니다. 게다가 사람은 누구나 전에 살던 곳보다 좋은 환경에서 생활하기를 바란다. 정말 당부하고 싶다. 건축에 몸담고 있는 사람이라면 건강하고 편안한 생활공간을 만든다는 사명감으로 새로운 정보와 기술에 관한 공부를 게을리해서는 안 된다.

새 집 증후군

지은이 | 에노모토 가오르
옮긴이 | 이윤하

펴낸곳 | 알 펍
펴낸이 | 권혁정
책임편집 | 이미현

초판 1쇄 인쇄 | 2004년 3월 15일
초판 1쇄 발행 | 2004년 3월 23일

등록번호 | 제 10-2586호
등록일자 | 2003년 3월 4일

주소 | 서울시 마포구 서교동 351-10 동보빌딩 105호
전화 | 02-337-7253
팩스 | 02-337-7230
E-mail | r-pub@hanmail.net

ⓒ 알 펍, 2004
ISBN 89-90976-02-2   03320

값 7,800원